LES FOURMIS

DE

LA FRANCE CENTRALE

PAR

C. BRUYANT

Licencié ès Sciences naturelles

AVEC QUATRE PLANCHES HORS TEXTE

SOCIÉTÉ D'ÉDITIONS SCIENTIFIQUES

4, Rue Antoine Dubois, et Place de l'École-de-Médecine

PARIS

1890

LES FOURMIS

DE

LA FRANCE CENTRALE

PAR

C. BRUYANT

Licencié ès Sciences naturelles

AVEC QUATRE PLANCHES HORS TEXTE

SOCIÉTÉ D'ÉDITIONS SCIENTIFIQUES

4, Rue Antoine Dubois, et Place de l'École-de-Médecine

PARIS

1890

LES FOURMIS

DE LA FRANCE CENTRALE

LES FOURMIS

DE

LA FRANCE CENTRALE

PAR

C. BRUYANT

Licencié ès Sciences naturelles

AVEC QUATRE PLANCHES HORS TEXTE

SOCIÉTÉ D'ÉDITIONS SCIENTIFIQUES

4, Rue Antoine Dubois, et Place de l'École-de-Médecine

PARIS

1890

LES FOURMIS

DE LA FRANCE CENTRALE

PREMIÈRE PARTIE.

GÉNÉRALITÉS BIOLOGIQUES.

Donner une esquisse de la vie si complexe de la Fourmi, puis un tableau synoptique des espèces indigènes en précisant les particularités propres à chacune d'entre elles, tel est, en deux mots, le plan que j'ai cru devoir suivre. En me bornant pour tous les détails aux formes de notre région, je sacrifierai bien des points intéressants, mais au moins chacun pourra vérifier ce qui lui semble douteux et constater facilement tout ce qui nous est accessible dans ce monde étrange des fourmis.

I.

Les fourmis se distinguent nettement de tous les insectes par l'allure de leurs sociétés. Prises isolément, elles se perdent pour un œil inexercé dans la foule innombrable des autres Hyménoptères, dont beaucoup sont dépourvus d'ailes, en dépit de leur nom. Ainsi dans la famille des Mutillides, voisine de celle que nous étudions, les femelles sont aptères et, pour les reconnaître, il faut les considérer d'assez près. Toutefois la forme du thorax, qui est cubique et n'offre aucune division en dessus, la longue villosité de l'abdomen, constituent des caractères bien saisissables, et ces insectes me paraissent fort rares dans notre région. En somme, la confusion n'est guère possible, et je me dispenserais d'entrer dans les détails suivants, s'ils n'étaient nécessaires pour la détermination des espèces.

Le corps de la fourmi, comme on le sait, est partagé par deux étranglements en trois parties, formées elles-mêmes d'un nombre plus ou moins grand de segments secondaires, auxquels on donne les noms d'anneaux, de zoonites, etc. Les anneaux sont constitués par un arceau dorsal (*tergum* ou *notum*) et par un arceau ventral. Dans l'abdomen, où leur nombre varie d'un sexe à l'autre, ils sont à peu près égaux et reliés par une portion plus souple du tégument; ils possèdent ainsi une certaine mobilité et permettent à cette partie du corps de se dilater d'une façon notable pour contenir une grande quantité d'œufs ou de nourriture. Le premier ou les deux premiers, fortement rétrécis, constituent un pédicule de forme souvent curieuse, unissant l'abdomen au thorax. — Les zoonites constitutifs de ce dernier sont au nombre de trois (prothorax, mésothorax et métathorax); ils sont inégalement développés et soudés d'une manière intime. Cette union donne une grande solidité au segment thoracique et en fait un point d'appui très ferme pour les organes de la locomotion, les ailes et les pattes. Les ailes, qui sont membraneuses, fournissent au classificateur de précieux points de repère, grâce aux diverses dispositions de leurs nervures. Elles sont au nombre de deux paires, insérées, l'une sur le pronotum qui est dépourvu de paraptères (1), l'autre sur le mésonotum. Ces appendices assez fragiles ne servent à l'insecte que pour le vol nuptial. Les pattes dépendent de l'arceau ventral de chaque anneau et sont composées d'une série d'articles, dont chacun a

---

(1) Le *pronotum* est l'arceau dorsal de l'anneau prothoracique, etc. — Les paraptères sont de petites pièces squelettiques placées à la base des ailes antérieures et qui existent ordinairement chez les Hyménoptères.

reçu un nom particulier. L'un d'eux, le tibia, porte à son extrémité un éperon, sorte de peigne convexe en dehors, concave et denté en dedans, s'appliquant sur l'article suivant. Cet organe, qui sert aux fourmis à faire leur toilette, est réduit à une épine ou même absent dans les quatre pattes postérieures. Les pattes se terminent par deux griffes simples ou dentées qui leur permettent de s'accrocher sur un sol rugueux. Au-dessous de ces griffes sont de délicates pelotes membraneuses nommées pulvilli ; leur surface inférieure est munie d'un grand nombre de poils courts, de l'extrémité desquels s'écoule un liquide huileux, très fluide, n'épaississant pas au contact de l'air. Une simple action capillaire, due à la présence du liquide et insuffisante pour gêner les mouvements de l'insecte, provoquerait une adhérence favorable à la marche (Dr Rombouts) ; c'est ainsi que les fourmis peuvent courir avec facilité sur les surfaces lisses, comme celles du verre ou des métaux.

La tête, quoique primordialement composée d'un certain nombre d'anneaux, apparaît chez l'adulte comme une boîte simple percée de deux trous, l'un ouvrant la communication avec le thorax, l'autre antérieur et formant la bouche. Elle porte un certain nombre d'appendices servant aux sens ou à la mastication, et elle est divisée en plusieurs régions plus ou moins artificielles qu'il importe de savoir reconnaître. La partie supérieure de la boîte céphalique est le vertex, qui porte dans bien des cas trois yeux simples disposés en triangle. Le front est situé au-dessous du vertex ; il est limité de chaque côté par une arête de forme variable (arête frontale) et en avant par une petite surface d'ordinaire triangulaire, souvent indistincte, l'aire frontale. Celle-ci est suivie d'une pièce délimitée par un sillon, le chaperon, qui forme le bord de la tête et recouvre la bouche. Les parties latérales sont les joues ; elles portent sur leur bord, en des places diverses, les yeux composés, qui sont toujours présents chez les espèces indigènes et apparaissent comme deux grandes taches elliptiques, réticulées si on les observe à la loupe. Enfin les antennes, insérées sous les arêtes frontales, sont des appendices en forme de fouet, offrant une tige basilaire (scape) et une partie articulée, quelquefois renflée à l'extrémité, coudée sur la première. — Les pièces de la mastication sont construites sur le type commun aux insectes broyeurs. Les mandibules sont les parties les plus importantes ; elles sont robustes et, dans la majorité des cas, munies de dents. Leur fonction n'est nullement de broyer les aliments, car les fourmis ne se nourrissent pas de substances solides. « Elles constituent, en même temps qu'une arme puissante, un instrument de travail des plus précieux ; elles servent, en effet, de scies ou de ciseaux pour couper, de tenailles pour arracher ou déchirer, de mains pour transporter, de truelles pour gâcher, lisser, assujettir, de pelles pour enlever les déblais, etc. (1). » Les mâchoires sont très faibles et ne pourraient accomplir le travail de la mastication. Avec la lèvre inférieure, qui possède, ainsi qu'elles, une paire de palpes, et en outre une pièce membraneuse et musculaire très extensible, la langue, elles concourent à prendre les aliments et à en opérer l'introduction dans la bouche.

Après ce sommaire aperçu de l'anatomie externe, il reste à examiner les caractères spéciaux à chaque sexe. La fourmi femelle se présente sous deux formes : la femelle proprement dite et l'ouvrière ou neutre. Celle-ci peut se définir une femelle atrophiée, stérile ; mais, outre les simples neutres pondeuses, on trouve parfois des intermédiaires entre l'ouvrière et la femelle parfaite, et leurs larves ne peuvent se distinguer qu'assez longtemps après la sortie de l'œuf. Les nourrices peuvent-elles, comme les abeilles, en obtenir à leur gré, l'une ou l'autre des deux formes ? On n'a aucune donnée précise sur ce point.

(1) André, *Les Fourmis*. Paris. 1885, p. 16.

Quels que soient leurs rapports d'origine, les différents individus qui composent la fourmilière se distinguent assez aisément. Les mâles et les femelles sont ailés et possèdent toujours des ocelles. Les premiers se reconnaissent à leur coulcur plus sombre, à leur abdomen de sept segments, à leur tête plus petite, à leurs antennes qui offrent généralement treize articles, à leur taille inférieure dans bien des cas. Les femelles perdent leurs ailes aussitôt après la fécondation et pourraient alors être confondues avec les neutres. Elles ont, comme elles, six segments à l'abdomen, un nombre d'articles antennaux moindre que le mâle ; mais leur taille est plus grande, leur mésonotum plus développé et plus complexe donne à leur thorax une forme différente, plus globuleuse ; les traces d'articulations alaires, qui subsistent sur les côtés, lèvent enfin tous les doutes. Les neutres, qui sont souvent dépourvus d'ocelles ou n'en possèdent qu'un seul et qui, dans certains genres (*Camponotus*, *Aphœnogaster*) ont une taille très variable, constituent la grande masse de la population. Elles sont bien connues de tous, et il est facile de s'en procurer ; aussi fourniront-elles seules les caractères utilisés dans le tableau synoptique des espèces.

II.

Sous le rapport des facultés intellectuelles, la fourmi prime tous les autres insectes, même l'abeille. S'élève-t-elle au-dessus des animaux supérieurs ? Il ne paraît pas démontré qu'elle soit moins intelligente, quoique la comparaison soit malaisée à faire, et un auteur bien connu la place immédiatement après l'homme, au-dessus des singes anthropoïdes. En tout cas, il faut bien reconnaître « que les seules ressources de l'instinct sont impuissantes à expliquer une foule de circonstances de sa vie, et que l'existence d'une faculté supérieure à l'instinct s'impose à tout esprit libre de prévention ou de parti pris (1). »

Cette intelligence s'appuie sur des sensations fournies par des organes plus ou moins délicats et totalement différents des nôtres. C'est ce que nous montre en particulier l'étude de la vue. Les ocelles sont d'une utilité à peu près nulle, et en tout cas ne permettent à l'animal que des perceptions très faibles dont il ne sait pas se servir (2). L'organe essentiel de la vision pour l'insecte est donc l'œil composé, et pourtant l'examen des travaux anatomiques récents conduit à la conclusion théorique qu'il ne peut donner une sensation nette de la forme des objets (3). Cette opinion, appuyée d'ailleurs sur de nombreuses expériences comparatives faites par M. Plateau, se trouve confirmée par toutes les allures des fourmis, et le docteur Forel (4) cite des circonstances où une espèce lignicole, le *Lasius fuliginosus*, commit une grossière erreur d'optique et le prit pour un arbre. En réalité, ce manque de netteté dans la perception visuelle est plus ou moins accentué : la vue est plus ou moins bonne. S'il y a des fourmis aveugles, la *Formica rufa*, par exemple, paraît fort bien douée, et l'on ne peut s'approcher de ses dômes sans qu'il se manifeste une vive effervescence parmi les ouvrières répandues à la surface ; lorsqu'on agite un objet à un mètre de hauteur au-dessus de leur nid, elles s'aperçoivent de sa présence et lancent en l'air leur venin. On peut les provoquer ainsi même à travers un verre, ce qui prouve bien que c'est ici la vue seule qui les guide (Forel). — Une autre question, relative à la physiologie de l'œil, est celle de la perception des couleurs. Sir John Lubbock a effectué, à ce sujet, un grand

(1) André. *Loc. cit.*, p. 86.

(2) Plateau, *Recherches exp. sur la vision chez les arthropodes*. Bruxelles, troisième partie, 1885, p. 65.

(3) *Id*. Quatrième partie, 1888, p. 87 et 88.

(4) Dr Forel, *Les Fourmis de la Suisse*. Zurich, 1874, p. 120.

nombre d'expériences dont les résultats semblent concluants, bien qu'en contradiction avez les idées de Paul Bert (1). Il a prouvé que non-seulement les fourmis savent distinguer les couleurs visibles pour nous et parmi lesquelles le violet les influence surtout, mais encore qu'elles perçoivent les rayons ultra-violets. « Or, ajoute Lubbock (2), comme chacun des rayons qui composent la lumière homogène nous présente, lorsque nous pouvons le percevoir, une couleur particulière, il est probable que ces rayons ultra-violets produisent sur les fourmis la sensation d'une couleur distincte dont nous ne pouvons nous faire d'idée, couleur aussi différente des autres que le rouge du jaune ou le vert du violet. On peut aussi se demander si la lumière blanche de ces insectes diffère de la nôtre, puisqu'elle contient une couleur en plus. Comme les couleurs naturelles ne sont presque jamais pures mais se composent d'un mélange de rayons de diverses longueurs d'onde, et qu'alors la résultante visible provient non-seulement des rayons auxquels nous sommes sensibles, mais aussi de ceux de l'ultra-violet, il est probable que la couleur des objets et l'aspect général de la nature doivent être tout autres pour les fourmis que pour nous. »

Huber et Forel refusent aux fourmis le sens de l'ouïe. Malgré ses efforts, Lubbock n'a pu se faire entendre d'elles ni réussir à découvrir si elles émettaient des sons perceptibles pour elles seules. D'autre part, on a décrit (Braxton-Hicks, Forel, Lubbock) des organes antennaux qui pourraient être auditifs et Lubbock a retrouvé chez le *Lasius fuliginosus* un appareil qui avait été signalé par divers observateurs dans les pattes de quelques orthoptères et auquel on attribue le même rôle. Enfin certaines espèces (*Ponera, Lasius fuliginosus, flavus*) seraient pourvues d'un organe de stridulation analogue à celui des Mu-

(1) Archives de physiologie, 1860, p. 149.
(2) Lubbock, Fourmis, abeilles et guêpes. Paris, 1883, I, p. 181.

tilles et capable d'émettre des sons inappréciables à notre oreille, même aidée du microphone. Dès lors, il faudrait bien accorder aux fourmis le moyen de les percevoir, car il nous serait difficile de comprendre, comme le fait remarquer M. André, que tout le monde fût musicien dans un pays de sourds. Il y a en somme beaucoup de probabilités en faveur de l'existence de l'ouïe et il m'a semblé constater un fait en accord avec cette opinion. Une fourmilière artificielle de *F. rufo-pratensis* reposait sur un bassin de zinc par quatre pieds en bois ; ayant frappé légèrement avec un morceau de métal le bord du bassin, je vis aussitôt les ouvrières qui couraient à la surface d'une plate-forme surmontant la boîte vitrée, s'arrêter net et dresser les antennes. Le même fait se reproduisit plusieurs fois. Malheureusement tant de causes imprévues peuvent influencer les résultats de ces observations, que je n'ose en faire grand cas.

L'existence de l'odorat n'est ni contestable ni contestée, et c'est même là le sens le plus développé des fourmis. Avec le toucher il joue un rôle prépondérant dans leurs actes et supplée à la vue chez les espèces aveugles ou qui travaillent dans l'obscurité. Passez le doigt sur la piste que suivent sur les arbres les longues files du *Lasius fuliginosus*, et vous verrez la circulation interrompue ; les travailleuses s'arrêteront hésitantes près de la trace invisible ; quelques-unes, comme suffoquées, se laisseront tomber à terre et l'ordre mettra un certain temps à se rétablir. Ainsi que le démontre une expérience bien simple de Lubbock (1), ce sens a son siège dans les antennes ; les fourmis privées de ces importants appendices sont incapables de découvrir du miel placé même à côté d'elles (2).

Le toucher et le goût existent évidemment aussi chez les

(1) Lubbock. *Loc. cit.*, I, p. 152.
(2) Forel. *Loc. cit.*, p. 119.

fourmis. Le premier est réparti sur tout le corps et principalement dans les antennes, comme le prouvent les allures de ces insectes. Le goût doit être localisé dans la bouche et les parties voisines, spécialement la langue, qui porterait des papilles gustatives (Meinert, Forel).

La fourmi possède-t-elle un sens particulier de la direction, comme, peut-être, le pigeon voyageur parmi les vertébrés, la *Chalicodome* parmi les insectes? Il est probable que non : la vue, l'odorat et le toucher lui suffisent pour se conduire. La vue est surtout utile quand une source lumineuse peut servir de point de repère (1), car nous savons que les yeux composés ne donnent pas une perception nette de la forme des objets ; cependant les expériences de Fabre prouvent que le *Polyergus rufescens* ne se sert guère que de ce sens pour se diriger dans ses expéditions. Quant à l'odorat, c'est lui qui, dans la plupart des autres espèces, paraît jouer le rôle prépondérant. — Ce sixième sens, que certains auteurs voulaient créer pour la direction, ce sixième sens ne pourrait-il pas être invoqué pour expliquer d'autres faits réellement étranges que nous observons journellement et qui sont nécessaires pour rendre compte des relations amicales ou hostiles des différentes fourmilières?

Toutes les citoyennes d'un même état se connaissent ou se reconnaissent. Prenez une fourmi et portez-la dans un nid étranger ; si elle ne peut s'échapper assez vite, elle sera écharpée. Pour entretenir la population d'une fourmilière artificielle de *F. rufo-pratensis*, j'apportais de temps en temps des ouvrières prises dans le nid d'origine ; elles étaient reconnues, même après plusieurs mois de séparation et portées par leurs compagnes dans leur nouvelle cité, au lieu que des fourmis de la même race, mais tirées d'un autre nid, étaient impitoyablement massacrées. Il y a mieux d'ailleurs que cette simple reconnaissance

(1) Lubbock. *Loc. cit.*, II, p. 27.

entre amies. Lubbock fait élever par des neutres de la même famille des nymphes et des larves de *F. fusca* et de *L. niger* : les adultes replacées dans leur fourmilière natale sont traitées en vieilles connaissances. Le résultat est le même si les jeunes sont confiées à des étrangères, et il faut bien remarquer que dans ce cas, les individus issus de ces larves sont attaqués par les sœurs de leurs nourrices d'adoption. Enfin un nid de *F. fusca* ayant deux reines, Lubbock le dédouble, les femelles se mettent à pondre, et les adultes, transportés d'une fourmilière dans l'autre, sont reçus amicalement. Il faut donc bien avouer, avec le naturaliste anglais, que chez les fourmis « la reconnaissance n'est ni personnelle, ni individuelle (1). »

Ces faits présentent assez d'étrangeté pour que certains observateurs aient cru à l'existence de quelque « mot de passe » pour chaque nid; mais les expériences de Lubbock réduisent à néant cette supposition. D'autre part, de tous les sens, l'odorat est le seul qu'on puisse invoquer avec quelque probabilité pour les expliquer. Mac Cook affirme que les fourmis tombées dans l'eau sont maltraitées par leurs compagnes, et il part de là pour conclure (2) « qu'une odeur appréciable, au moyen de laquelle les fourmis se reconnaîtraient, est détruite temporairement, et que ces individus ainsi souillés sont pris pour des étrangers et des ennemis ». Ce fait n'est nullement général comme j'ai pu m'en assurer moi-même, et les expériences dont l'auteur appuie son hypothèse ne le sont pas plus. Mac Cook enferma deux partis hostiles de *Tetramorium cæspitum* dans un vase contenant un tampon de papier imbibé d'eau de Cologne pour masquer l'odeur propre à chaque groupe de combattants. La lutte cessa en effet, mais sans doute à la faveur d'une ivresse causée par les fortes émanations de l'eau, car le même résultat n'eut pas

(1) Lubbock. I, p. 126.
(2) Mac Cook, Mound-making ants of the Alleghanies, p. 281.

lieu quand Mac Cook expérimenta sur le gros *Camponotus Pensylvanicus*. « D'ailleurs comment admettre,
dit M. André (1), que les millions de fourmilières d'une
même espèce, disséminées dans un pays, soient pourvues
chacune d'une odeur distincte de nature ou d'intensité, à
laquelle participeraient dans une même mesure tous les
individus d'un nid, sans distinction d'âge, de taille ou de
sexe, mais à l'exclusion complète des habitants d'un nid
voisin, munis à leur tour d'un passe-port odoriférant suffi-
samment appréciable. Que dire aussi — et c'est là la plus
forte objection — que dire aussi des fourmilières mixtes
dont les esclaves sont empruntés à plusieurs familles étrangères sans que cette diversité d'origine donne lieu à la
moindre méprise ou à la plus petite confusion? »

Parmi les nombreuses expériences que le docteur Forel
a consignées dans ses *Fourmis de la Suisse*, il en est
une qui semble jeter un certain jour sur la question, car
elle prouve d'une façon certaine que les fourmis privées
de leurs antennes sont incapables de distinguer leurs ennemies de leurs concitoyennes (2). N'y a-t-il pas dès lors
quelque raison de croire à l'existence d'un sens particulier
dont le siège serait dans les antennes, le sens de la reconnaissance ?

« Plus que les autres insectes, les fourmis ont un ensemble de penchants instinctifs prédominants qui leur donnent ce qu'on peut appeler un caractère (3). Ces penchants
sont : la colère qui est un des plus manifestes, le dévoû-
ment, la haine, l'activité et la gourmandise sans oublier
la persévérance, malgré les quelques cas de décourage-
ment que l'on a constatés dans des circonstances extrêmes.
Avec une telle somme de qualités et de défauts, qui change
non-seulement d'une race à l'autre, mais encore quoique

(1) André, p. 81.
(2) Forel, p. 119.
(3) Forel, p. 446.

à un moindre degré d'un individu à l'autre, les fourmis ont une manière d'agir fort variable et montrent une curieuse perplexité lorsqu'une lutte se déclare entre deux de leurs penchants. Cette inégalité se voit dans les moindres actes, pour peu qu'on se donne la peine d'observer. Elle apparaît surtout dans les sentiments affectifs. On cite un certain nombre de faits témoignant de la compassion des fourmis pour leurs compagnes et je puis en inscrire un de plus sur leur livre d'or. Ayant retiré une ouvrière de *F. rufo-pratensis* d'un vase plein d'eau où elle était tombée, je la plaçai près de la fourmilière artificielle ; de légers mouvements des pattes et des antennes accusaient seuls un reste de vitalité. Vient une autre fourmi, qui voyant la noyée accourt à elle, la palpe avec ses antennes, la lèche en la caressant d'une patte et l'abandonne au bout d'un long quart d'heure pour retourner à la fourmilière. Peu après son départ, je vois arriver cinq ou six ouvrières au nombre desquelles elle se trouvait sans doute : la malade est de nouveau examinée, puis emportée au nid. En regard de tels exemples, on cite de nombreux cas d'indifférence et de manque de pitié. Il faut donc avouer avec M. André que « les fourmis comme les hommes ont leurs bons et leurs mauvais moments, leurs cœurs charitables et leurs égoïstes. »

Une conséquence nécessaire de la vie sociale est l'existence d'un langage. Les fourmis communiquent entre elles et il est facile de s'en apercevoir dans les mille circonstances de leur vie. Tous ceux qui les ont observées de près le reconnaissent. Ce langage se manifeste surtout dans les guerres, les expéditions où un signal se transmet rapidement et fait changer la tactique en un instant. « On pourrait sans doute irriter les fourmis, qui se trouvent à la surface de leur nid (1), sans alarmer celles de l'intérieur,

(1) Huber, Recherches sur les mœurs des fourmis indigènes. 2e édition. Genève, 1861, p. 115.

si elles agissaient isolément et n'avaient aucun moyen de se communiquer leurs impressions mutuelles. Or, quand on attaque celles du dehors, la plupart se défendent avec courage, mais il en est toujours quelques-unes qui se précipitent dans les galeries et jettent l'alarme dans la cité. L'agitation se propage de quartier en quartier, et les ouvrières accourent en foule avec toutes les démonstrations de l'inquiétude et de la colère, pendant que d'autres se hâtent d'emporter les larves dans les canaux les plus profonds et de les mettre ainsi à l'abri de toute atteinte. »

Ce langage est loin de ressembler au nôtre, car il consiste, autant que l'on a pu en juger, en de simples attouchements d'antennes et en de légers coups de tête contre le thorax échangés entre les interlocuteurs. Il est donc bien rudimentaire et ne permet que la communication d'idées simples. Pour suppléer à sa pauvreté, les fourmis sont même obligées parfois d'employer des moyens détournés. L'une d'elles veut-elle indiquer à ses compagnes un objet difficile à décrire : elle s'en fait suivre à la piste ou en prend une par les mandibules, l'enlève et la porte à l'endroit en question ; son auditeur se joint à elle pour aller chercher de nouveaux témoins qui à leur tour agissent de même. « Nos mots parlementaires : enlever la foule, transporter l'auditoire, ne sont donc nullement métaphoriques chez les fourmis (1). »

Quelle que soit son imperfection, ce langage est bien supérieur aux cris des autres animaux, comme le prouvent les expériences du naturaliste anglais, dont le nom revient à chaque instant dans l'exposé de ces délicates questions. Son existence ajoute un argument de plus en faveur de cette opinion que « les facultés mentales de la fourmi diffèrent de celles de l'homme moins par leur essence que par leur étendue (2). »

(1) Michelet, L'insecte, p. 250.
(2) Lubbock. I, p. 149.

III.

Les femelles et surtout les mâles, restent à peu près étrangers aux nombreux travaux qui s'exécutent dans la cité. Leur seule fonction est en somme la reproduction de l'espèce. Après leur éclosion, ils se promènent indolemment dans la fourmilière, attendant le jour des noces; mais, venu le moment favorable, une vive effervescence se manifeste dans la population. « Les mâles et les femelles montent sur toutes les plantes dont leur nid est entouré (1), et les ouvrières, dont une multitude se répand à l'extérieur, les accompagnent jusqu'à l'extrémité des herbes les plus hautes; elles paraissent les suivre encore avec sollicitude; quelques-unes essaient de les retenir et de les reconduire au nid, mais la plupart se contentent de les escorter. Elles leur donnent à manger, et leur prodiguent pour la dernière fois tous les soins dont elles sont capables. » Néanmoins les fugitifs s'envolent, et s'unissant à ceux des fourmilières voisines, forment des essaims nombreux qui s'élèvent parfois à une grande hauteur et aiment à se balancer au-dessus de quelque objet élevé; j'en ai vu s'abattre sur la grande tour de Châteaugay et même sur l'observatoire du Puy de Dôme. La fécondation s'accomplit soit au milieu des airs, soit après le vol nuptial. Les mâles meurent bientôt, et la grande majorité des femelles ne tarde pas à subir le même sort.

Ce sont les ouvrières qui supportent toutes les charges de la vie sociale. Dans certaines circonstances, elles partagent même avec les femelles le don de la maternité, soit qu'elles aient été fécondées, soit qu'elles pondent parthénogénétiquement. Comme les reines vierges ou trop vieilles des abeilles, elles donnent des œufs d'où sortiront des mâles (Forel, Lubbock). J'ai été témoin de cette ponte excep-

(1) Huber. *Loc. cit.*, p. 82.

tionnelle dans la fourmilière dont j'ai déjà parlé; mais les nymphes qui en provenaient ne furent sans doute pas menées à bien, car je n'obtins aucun mâle. A part ces cas bien rares, l'ouvrière n'a de la femelle que l'amour maternel : à elle seule revient l'éducation des jeunes.

Les œufs pondus par les reines sont relevés par les neutres qui les portent en petits tas à leur bouche et les lèchent sans interruption ; ils s'accroissent ainsi et laissent bientôt sortir les larves. Celles-ci se présentent sous la forme de petits vers blancs, incapables de se mouvoir et dépendent entièrement de leurs nourrices. Elles ne sauraient prendre seules leurs aliments, et elles doivent recevoir la becquée comme les petits oiseaux. La fourmi possède un réservoir de matières alimentaires qui est formé par une simple dilatation du tube digestif (jabot); elle peut ainsi amasser une certaine provision de nourriture qu'elle dégorge ensuite pour distribuer aux jeunes et même à ses compagnes affamées. Huber présume (1) que cette nourriture varie suivant qu'elle est destinée à telle ou telle catégorie de larves; elle serait plus substantielle ou plus abondante pour les femelles, et, comme les abeilles, les fourmis pourraient à leur gré tirer d'un œuf déterminé une femelle ou une ouvrière; mais la question est loin d'être résolue d'une manière positive et les opinions sont encore partagées. — Les larves demandent enfin une température à peu près constante et les ouvrières les transportent bien des fois d'un étage à l'autre du nid pour leur procurer cette uniformité de chaleur.

Au moment de se métamorphoser, les larves de beaucoup d'espèces s'entourent d'une coque de soie qu'on nomme fort improprement un œuf de fourmi. Les nymphes de Myrmicides n'ont au contraire aucune enveloppe protectrice et celles de quelques *Formica* sont assez souvent dans le même cas. J'ai observé de ces nymphes nues dans

(1) *Loc. cit.*, p. 69.

un nid de *Lasius niger*, mais sans avoir pu découvrir la
cause de cette anomalie.

Les ouvrières prodiguent leurs soins aux nymphes comme
aux larves. Ce sont elles qui président à la sortie de
l'adulte. Elles le débarrassent de son cocon, de la mem-
brane qui l'emmaillotte, et s'il possède des ailes, elles
savent étendre sans les déchirer, ces appendices délicats,
qui resteraient froissés sans leurs secours.

La fourmi qui vient d'éclore, est trop faible pour se
passer de la tutelle de ses sœurs; « elle s'occupe tout
d'abord, sous leur direction, des soins intérieurs, de l'éducation des larves ou de la propreté de l'habitation; à
mesure que s'accroissent ses forces, elle passe à des travaux plus pénibles, devient architecte, pourvoyeuse ou
guerrière, suivant les besoins ou l'occasion, et son éman-
cipation est alors complète (1). » Entre les ouvrières adultes
règne en effet une parfaite égalité; mais par une conséquence même de l'amour maternel, cette égalité n'en-
gendre pas de discorde et l'individu, entièrement dévoué
à la communauté, n'a que des relations amicales, — il
serait plus juste de dire fraternelles, — avec ses conci-
toyens.

L'ordre et la propreté règnent dans la fourmilière. Souvent, je l'ai constaté moi-même, les larves sont disposées par
rang d'âge dans des chambres distinctes « comme les élèves
dans les différentes classes d'une école »; elles sont net-
toyées à la moindre souillure et n'offrent aucune trace
d'impureté sur leur corps. Leurs nourrices ne sont pas
moins soigneuses de leurs personnes; elles font leur toilette à la manière des chats, et rien n'est plus curieux que
les différentes postures qu'elles prennent dans cette importante opération. — Enfin l'habitation est débarrassée
de tous les débris malpropres ou encombrants, et j'ai
découvert bien des fois dans les nids de *Lasius niger et*

(1) André, p. 167.

alienus, des salles spéciales — de véritables dépotoirs — où étaient reléguées, entre autres débris, les dépouilles des nymphes.

Rien n'est plus désagréable aux fourmis que la présence des cadavres de leurs sœurs, et elles s'en délivrent dès qu'il est possible. Les auteurs les plus sérieux attestent qu'elles déposent leurs morts dans de véritables cimetières où elles les rangeraient d'une façon plus ou moins régulière. Je suis loin de mettre en doute cette affirmation, mais tous mes efforts ont été inutiles pour retrouver ce curieux trait de mœurs chez nos fourmis indigènes.

Certaines espèces, comme le *Lasius flavus*, trouvant toutes leurs conditions d'existence dans l'intérieur du nid où les troupeaux fournissent la nourriture nécessaire, se montrent peu au dehors. D'autres révèlent leur activité aussi bien au grand jour que dans leurs galeries. Parmi celles-là vient en première ligne la *F. pratensis*, qui élève dans les bois ces monceaux bien connus de brindilles. Le matin, ces dômes paraissent abandonnés ; mais à mesure que le soleil, s'élevant dans le ciel, répand la chaleur, surgissent des ouvrières qui écartent les ramilles et dégagent les entrées des couloirs donnant accès à l'intérieur. Les travailleuses se rendent en grand nombre à la surface du nid, puis s'engageant dans les chemins creusés par elles dans la mousse ou les herbes, elles vont en longues files aux alentours traire les pucerons sur les arbres, chercher la nourriture animale ou les matériaux nécessaires à la réparation de leur édifice. Plus la chaleur est forte, plus l'effervescence est grande, et la vue se trouble à ce va-et-vient incessant de petites bêtes affairées. Au soir, les fourmis rentrent peu à peu dans leur demeure sans oublier d'en fermer les portes. Elles masquent en effet les ouvertures de quelques débris derrière lesquels restent des gardiennes pour éviter toute surprise.

Les chemins, qui partent tous de la fourmilière, et que les espèces maçonnes recouvrent parfois d'une voûte, de

2

manière à les transformer en tunnels, ont plusieurs des-
tinations. Tantôt ils établissent une communication facile
entre le nid et les terrains de chasse ou les arbres à pucerons; tantôt ils relient les différentes parties d'une colonie,
car une même société de fourmis peut occuper plusieurs
habitations. Une colonie comprend un nombre de nids
variable selon les espèces; celles de la *F. pratensis* n'en
offrent jamais plus de trois ou quatre, comme on peut le voir
en parcourant les bois de Charade, de Villars, etc. Les
colonies du *L. fuliginosus* sont beaucoup plus nombreuses
sans toutefois approcher de celle que le Dr Forel a observée
sur le mont Tendre et qui, habitée par la *F. exsecta*, était
composée de plus de deux cents dômes.

Les nids dépendant d'une même société n'ont pas toujours une égale importance; quelques-uns peuvent être
réduits à l'état de stations offrant un asile temporaire aux
ouvrières fatiguées. J'ai observé une fourmilière de *Lasius*
qui exploitait un noyer infesté de pucerons et placé à une
grande distance. Les pourvoyeuses séjournaient quelques
instants dans une cavité creusée au pied de l'arbre avant
d'en entreprendre l'ascension ou de regagner leur habitation. Ayant placé en cet endroit une large pierre plate,
je découvris en dessous, peu de temps après, un nid en
miniature composé de salles et de galeries disposées sur
un seul étage et où les ouvrières s'arrêtaient pour réparer
leurs forces.

L'activité de la fourmilière dure pendant tous les beaux
jours, puis fait place au repos hivernal. A l'approche de
la mauvaise saison, nos insectes se retirent peu à peu dans
leurs cases, s'entassent les uns sur les autres, et forment
de véritables pelotes vivantes, évitant ainsi le froid et l'humidité. Les essaims possèdent une température supérieure
à celle du milieu ambiant comme le montrent les mesures
thermométriques de Forel. Le fait est d'ailleurs facile à
mettre en évidence. Ayant enfermé dans une fourmilière
artificielle, revêtue d'un volet métallique une cinquantaine

de *Leptothorax unifasciatus*, espèce très petite, j'exposai l'appareil à un froid de 0°. Il se déposa au-dessus des groupes de fourmis, à la surface intérieure du verre une abondante buée, attestant nettement la différence des températures. — Sous l'influence du froid, les fourmis s'endorment et leur activité vitale diminue ; en hiver elles n'ont donc généralement besoin d'aucune nourriture. Mais cet engourdissement n'est que graduel et varie non-seulement suivant les espèces, mais encore suivant les individus ; les *Leptothorax* semblent mieux supporter le froid que telle autre espèce, et dans une même communauté, on voit certaines travailleuses actives alors que leurs compagnes se sont déjà réunies en essaims. Dans ces conditions, quelques ouvrières suffisent à alimenter la fourmilière. Lubbock a constaté chez la *F. fusca*, que ces pourvoyeuses sont toujours les mêmes, et que si on les emprisonne, elles sont remplacées par d'autres en nombre égal. C'est là un exemple curieux de la division du travail que j'ai observé également dans ma fourmilière de *F. rufo-pratensis*. L'ayant gardée tout un hiver, je m'aperçus en outre que l'activité de mes pensionnaires correspondait avec assez d'exactitude aux variations de la température extérieure, bien que l'effet en eût dû être neutralisé par la chaleur modérée que j'entretenais dans l'apparte-ment.

La vie des reines et des ouvrières est assez longue : elle atteint comme l'a prouvé Lubbock, huit ou neuf ans. Quant aux communautés leur existence est théoriquement indéfinie ; toutes les femelles ne participent point au vol nuptial ; quelques-unes restent à la surface du nid et sont entraînées à l'intérieur par les neutres pour perpétuer la race. Mais, en réalité, les cités des fourmis ont leur déca-dence comme les nations humaines ; leur population que ne régénère aucun croisement, va s'affaiblissant et finit par succomber sous les attaques répétées dè ses ennemis natu-rels et des intempéries, bien qu'après une longue période :

ainsi M. Berthelot (1) a observé une fourmilière pendant vingt-cinq années au bout desquelles elle s'était transformée en une colonie fort vivace. — S'il est aisé de prévoir la fin de ces sociétés, la question de leur origine est restée obscure. Parfois sans doute, une succursale peut se détacher de la cité-mère et constituer un état distinct. Mais le plus souvent c'est une femelle qui fonde la fourmilière; travaille-t-elle seule comme la femelle guêpe ou bourdon? s'unit-elle à quelques ouvrières de son espèce? On l'ignore à peu près. Si Lubbock (2) a vu des reines de *Myrmica ruginodis* mener à bien l'élevage de leurs jeunes, c'est là un cas unique. L'hypothèse la plus probable est donc la dernière. « J'ai vu, dit l'auteur anglais, que lorsque je plaçais une reine avec quelques fourmis dans un nid étranger, elles ne l'attaquaient point, et en en ajoutant d'autres peu à peu, je réussissais à lui assurer le trône (3). » Mac Cook cite l'adoption immédiate d'une femelle par toute une colonie; M. André a observé à l'automne des reines de *L. niger et alienus*, partant une ouvrière accrochée à leurs pattes. Enfin, j'ai rencontré à plusieurs reprises en hiver des femelles de *Camponotus ligniperdus*, blotties avec un très petit nombre d'ouvrières dans des cavités absolument isolées; les neutres ne pouvaient être issues d'œufs pondus par la mère, la saison étant trop peu avancée; mais je dois avouer que ces associations ne purent jamais prospérer dans des nids artificiels.

Quelle que soit l'origine des fourmilières, il y a lieu de s'étonner de la profusion des individus sexués eu égard au nombre des survivants. « La règle ne mène à rien, il n'y a de salut que par l'exception. Nul doute qu'il n'y ait là un des plus curieux spectacles que nous donne la nature, un de ceux qui troublent l'imagination et font désirer

(1) Les cités des fourmis. *Revue scientifique,* t. II, p. 145.
(2) *Loc. cit.,* p. 32.
(3) P. 33.

avec une sorte d'impatience d'en voir dissiper le mystère (1). »

Le régime alimentaire des fourmis est varié, mais les matières sucrées sont recherchées entre toutes. Beaucoup de fleurs sont visitées par nos infatigables chercheurs et l'on voit communément certaines ombellifères couvertes de *F. fusca*, les euphorbes de *Leptothorax unifasciatus*, etc. Les pucerons, dont les familles innombrables couvrent nos plantes, produisent des déjections sucrées dont les fourmis sont friandes ; aussi sont-ils réduits à l'état d'animaux domestiques et véritablement traits par leurs bergers. La fourmi caresse le puceron de ses antennes et le patient offre doucement le sirop demandé au lieu de le rejeter par un mouvement brusque semblable à une ruade, comme il le fait lorsqu'il n'est pas sollicité. Certaines espèces se contentent d'aller traire leurs troupeaux à l'endroit où ils paissent et de les défendre contre leurs ennemis (*Formica*, *Camponotus*). D'autres savent les parquer dans de petites étables légèrement construites en terre (*Lasius*, *Myrmica*). Mais entre toutes, les fourmis jaunes *(L. flavus s. lat.)* se distinguent par leur habileté dans l'art pastoral. Ces fourmis sortent peu de leurs nids ; en creusant les galeries, elles trouvent, fixés aux racines des graminées, des pucerons qu'elles enlèvent et transportent dans leurs cases. Là elles leur prodiguent en toute sécurité des soins qui dénotent souvent une intelligence remarquable. Ainsi Lubbock les vit au mois d'octobre découvrir sur des pieds de pâquerettes des œufs appartenant à une espèce qui ne leur est pas habituelle. Ces œufs ne leur étaient d'aucun usage immédiat ; cependant, dit l'observateur (2), au lieu de les laisser à la

---

(1) Rambert, *Les Mœurs des Fourmis* (Bibliothèque universelle et Revue suisse, 1876).

(2) P. 63.

place où ils avaient été pondus, exposés à la rigueur de la température et à d'innombrables dangers, elles les portèrent à la fourmilière et en eurent grand soin tant que durèrent les longs mois d'hiver jusqu'en mars où les pucerons éclos furent placés sur les jeunes pousses de pâquerettes. Ces fourmis n'amassent pas de provisions, mais elles font bien mieux puisqu'elles conservent pendant six mois des œufs qui pourront leur procurer la nourriture l'été suivant, cas de prévoyance unique dans le règne animal.

Les pucerons ne sont pas les seules bêtes domestiques de nos insectes; les coccides et quelques-uns des petits animaux que l'on trouve dans les nids jouent le même rôle. La liste de ces derniers est considérable (1), mais comprend sans doute des parasites directs ou indirects; aux uns appartiennent les acariens qui sont les poux des fourmis; aux autres les larves de cétoine et les innombrables coléoptères xylophages qui habitent les dômes comme les vrillettes habitent nos meubles ou les souris nos greniers. Je ne me lancerai pas dans l'énumération de ces hôtes plus ou moins suspects; j'engage seulement à chercher dans les fourmilières; on y fait d'heureuses découvertes. C'est ainsi que, pour prendre un exemple, j'ai capturé dans un nid de *F. sanguinea*, près de Villars, plusieurs exemplaires de *Lomechusa strumosa*, staphilinide fort rare.

Une question discutée jusqu'à nos jours est celle de la prévoyance des fourmis. Les auteurs de l'antiquité affirmaient qu'elles amassent des provisions pour l'hiver. Les observateurs d'il y a un siècle prétendaient le contraire, faisant valoir le fait bien connu que « qui dort dîne » et par conséquent l'inutilité de ces provisions (2).

---

(1) André, *Descrip. des F. d'Eur. p. servir à l'hist. des Ins. Myrm.* (Revue et Mag. de Zool. 1874, p. 205).

(2) Cf. Gratien de Semur, *Traité des Erreurs et Préjugés.* Paris, 1845.

Or, l'engourdissement, nous l'avons vu, dépend seulement de la température et, dans les pays chauds, les fourmis conservent pendant la mauvaise saison un reste d'activité et... d'appétit : de là leur prudente habitude. Deux de ces espèces thésauriseuses remontent jusque dans notre région. L'une d'elles, l'*Aphænogaster structor*, est commune autour de notre ville et ses nids sont faciles à découvrir, car ils sont établis sur les bords des routes ou même au milieu des chemins moins fréquentés (Champradeix, etc.).

Les mœurs des fourmis moissonneuses ont été étudiées par Lespès et Moggridge (1). Les ouvrières vont sur diverses plantes chercher leur récolte et, non contentes de glaner les graines tombées s'emparent souvent de celles qui adhèrent encore à la branche. Dans ce cas, il arrive qu'elles se partagent le travail : les unes arrachent les graines à force de les tordre sur leur pédoncule et les laissent tomber à terre ; d'autres viennent les prendre et les portent au nid en se relayant de distance en distance. Les semences ainsi recueillies sont triées, puis emmagasinées dans des chambres spéciales où la germination est retardée par un procédé qui nous échappe. C'est seulement au moment de les employer que les ouvrières laissent leur développement s'effectuer. Elles coupent alors l'extrémité de la radicule, font sécher le grain au soleil et le reportent au dépôt. Une fois la fécule transformée en sucre, l'aliment est à point ; la fourmi concasse la graine et en gratte le contenu du bord de ses mandibules. « Les parcelles ainsi détachées et plus ou moins mélangées aux sucs végétaux naturels et transformés forment une sorte de mucilage qui est happé et léché par la langue (2). » Pas plus que les autres espèces, les Aphæ-

(1) Traherne Moggridge, *Harvesting Ants and trap doors spiders.* London, 1873.

(2) André, *Les Fourmis*, p. 289.

nogastér ne se nourrissent donc de substances solides, comme on l'a souvent prétendu. — Les débris du repas vont rejoindre au dehors le monceau de déchets élevé pendant le triage et qui décèle toujours la présence dans son voisinage d'un nid de fourmis moissonneuses.

On peut poser en thèse générale que les fourmilières sont ennemies les unes des autres. On observe, en effet, entre elles des combats ou plutôt des guerres qui n'ont rien d'analogue que chez l'homme. Les fourmis n'ont d'autres armes que celles que la nature leur a données, leurs mandibules, leur aiguillon et le brûlant acide formique ; mais elles marchent avec entente, même avec une certaine stratégie et leurs luttes peuvent se continuer de longues périodes reprenant chaque matin pour cesser à la nuit. L'allure de ces combats varie suivant les combattants et montre une diversité extrême. Il est donc impossible d'en donner une idée précise à moins de décrire la tactique de chaque espèce.

Les guerres sont parfois entreprises pour un but de pillage : des tribus d'Aphœnogaster tentent de ravir à d'autres les provisions qu'elles ont péniblement amassées ; plus souvent elles ont pour cause une rivalité d'intérêts. Une fourmilière importante se réserve un « territoire de chasse » ; une communauté analogue, trop près voisine, empiétant sur ses droits, le *casus belli* est trouvé et les armées en viennent aux prises. Si les fourmilières sont d'espèces trop différentes pour se nuire, elles se tolèrent réciproquement et il arrive de découvrir, en soulevant les pierres, plusieurs cités presque enchevêtrées les unes dans les autres : la rupture des murs mitoyens suffit, d'ailleurs, pour amener la discorde. Entre les différentes sociétés de fourmis s'engage ainsi, comme entre les individus des autres espèces, une lutte pour la vie, d'autant plus acharnée que les concurrents sont plus semblables.

Quelques fourmis sont timides et évitent les combats

(Leptothorax); d'autres y apportent peu d'ardeur et parmi celles-ci, il faudrait ranger le *Tetramorium cœspitum*, bien que je l'aie vu opposer une résistance énergique à une invasion de *F. sanguinea* provoquée à dessein. Il en est qui font preuve d'une opiniâtreté et d'un courage étonnants : « il serait plus facile d'arracher leurs membres aux combattants et de les mettre en pièces, que de les forcer à lâcher prise; aussi voit-on souvent une tête ou même un cadavre tout entier suspendu aux jambes ou aux antennes de quelque ouvrière qui porte en tout lieu ce gage de sa victoire (1). » Certains sont tellement furieux qu'ils en viennent à ne plus reconnaître leurs amis et ceux-ci doivent les maîtriser quelques instants pour donner à cet accès de folie le temps de se dissiper. Après une mêlée violente, la place est semée de morts et de blessés aux allures bizarres : « celui-ci ne sait plus marcher qu'en cercle; celui-là ne marche plus du tout et reste cloué sur ses six pattes; un troisième fait de temps en temps quelques pas courts et rapides comme mû par un ressort; un quatrième saisi de fureur folle se jette sur tout ce qu'il rencontre. Tous ont eu le cerveau froissé ou labouré par les mandibules de l'amazone ou de toute autre espèce qui combat de la même manière (2). » — Les adversaires arrivent parfois à se faire des prisonniers, mais ces derniers n'ont aucune merci à attendre; ils sont destinés à une mort cruelle, car les fourmis ne paraissent pas inférieures aux Indiens dans l'art de torturer leurs victimes.

Une trêve plus ou moins longue, la prise de l'un des nids dont les habitants émigrent et cèdent la place au vainqueur, parfois une alliance; tels sont les résultats de ces guerres. Les alliances sont rares lorsque les combattants, quoique de même espèce, sont belliqueux; elles n'existent guère entre espèces différentes que dans des

(1) Huber. *Loc. cit.*, p. 141.
(2) Rambert. *Loc. cit.*

circonstances exceptionnelles ; en revanche, elles sont faciles à amener entre fourmis timides et j'ai pu bien des fois fusionner plusieurs sociétés de *Leptothorax unifasciatus* sans provoquer de lutte.

L'histoire des fourmis nous offre l'exemple d'un parasitisme singulier qui, chez l'homme, a reçu le nom d'esclavage (1). Certaines fourmis s'emparent des larves, des nymphes et même (2) des jeunes ouvrières d'une autre espèce et se les associent. Ces esclaves font partie intégrante de leur nouvelle cité; tirés de fourmilières différentes, appartenant parfois à des espèces distinctes, ils se comportent à l'égard les uns des autres et même à l'égard de leurs ravisseurs comme s'ils avaient tous la même origine. Cette introduction de nouveaux membres dans la communauté ne pouvait manquer de la troubler à la longue. Quelques espèces, parmi lesquelles je citerai la *F. pratensis*, ne pratiquent l'esclavage que par accident. La *F. sanguinea* peut aussi vivre seule, mais elle s'adjoint fréquemment telle ou telle forme et en particulier les *F. fusca* et *rufibarbis*. Les esclaves ne viennent donc encore qu'à titre accessoire ; ils aident les ouvrières sans les suppléer. On peut concevoir, en revanche, des espèces où leur rôle arrive peu à peu à être prédominant ; les travaux de la vie intime deviendront leur apanage ; les maîtres auront dès lors la guerre pour unique occupation et leurs organes se modifieront en conséquence. C'est ainsi que dans les communautés de *Poliergus rufescens*, la cé-

---

(1) Un parasitisme d'un autre genre est celui du *Solenopsis fugax*. Cette petite fourmi creuse quelquefois ses galeries dans les cloisons d'un nid appartenant à une plus grande espèce. On l'accuse avec beaucoup de vraisemblance de voler les larves de ses hôtes et d'aller les dévorer dans son repaire dont l'exiguité lui assure l'impunité. — D'autres vont, après les combats, s'emparer des morts *(Tapinoma, Tetramorium, Myrmica scabrinodis)* et l'on a vu les fourmis sanguines se nourrir des nymphes qu'elles avaient rapportées de leurs expéditions.

(2) Forel. *Loc. cit.*, p. 262.

lèbre fourmi amazone d'Huber, les esclaves sont maintenant indispensables. Les ouvrières, dont le rôle est d'attaquer les nids de *F. fusca* et *rufibarbis* pour piller les
jeunes, se sont entièrement adaptées à cette unique fonction. Elles ne savent même plus prendre seule leurs aliments et elles doivent les recevoir de leurs serviteurs,
comme les expériences de Huber, Lespès et Forel l'ont
absolument démontré. Leurs mandibules se sont trans-
formées en crocs aigus et d'instruments de travail sont
devenues des armes terribles. Les amazones sont, en un
mot, les fourmis guerrières par excellence : « une seule
mise au milieu d'une fourmilière ennemie ne cherche
point à s'enfuir comme le fait toute autre fourmi ; mais
sautant à droite et à gauche, elle transperce à elle seule
la tête de dix ou quinze adversaires, jusqu'à ce qu'elle
finisse par succomber ; et il y a lieu de signaler qu'elle
suit une tactique toute différente lorsqu'elle fait partie
d'une armée. » — Deux autres formes que je n'ai pas encore trouvées dans notre région, quoiqu'elles puissent y
exister, atteignent un degré de plus dans cette modifi-
cation de l'espèce sous l'influence du régime esclavagiste.
Toutes deux sont parasites du *Tetramorium cœspitum*.
Chez le *Strongylognathus testaceus*, les neutres sont faibles, en petit nombre, et l'on ne sait de quelle manière
elles peuvent se procurer leurs esclaves ; comme le remarque von Hagen, c'est là une espèce où l'ouvrière est en
voie de s'éteindre. Chez l'*Anergates atratulus* elle a enfin
disparu. Une société de ces fourmis ne comprend que des
mâles et des femelles d'*Anergates* avec les ouvrières de
Tetramorium, dont on n'y a jamais trouvé de larves.
L'allure d'une telle fourmilière soulève ainsi un problème
intéressant qu'aucune hypothèse n'a expliqué d'une manière satisfaisante.

Telle est en résumé la biologie de la fourmi. Loin de
montrer la monotonie à laquelle on s'attend tout d'abord,

elle révèle une étonnante variété de faits, une complexité que l'on ne retrouve chez aucune autre société animale, pas même la ruche : « La Fourmi, si l'on veut, est aux autres insectes ce que l'homme est aux autres mammifères. » — (Forel.)

DEUXIÈME PARTIE.

ÉTUDE SYSTÉMATIQUE DES ESPÈCES.

I

Dans la famille que nous étudions, la distinction des espèces présente de grandes difficultés, car sans compter la non-identité des caractères zoologiques chez les divers sexes, sans compter les différences individuelles au sein d'une même communauté, il existe de nombreuses formes transitoires qui, ainsi que le fait remarquer Forel (1), constituent dans la règle des sociétés distinctes. C'est là une conséquence naturelle du mode d'entretien des sociétés de fourmis qui donne « une apparence de constance, de fixité aux variétés. En appliquant le nom d'espèce à toutes les formes un peu bien déterminées et constantes dans la même fourmilière, alors qu'on trouve entre elles toutes les transitions possibles formant des fourmilières à part, on fausse la notion de l'espèce, même en se plaçant entièrement au point de vue de Darwin. En les reléguant au nombre des variétés, on ne les estime pas à leur juste valeur et on les met sur le même pied que de

____

(1) Forel, p. 15 *et sq*.

petites différences qui se trouvent dans une même fourmilière parmi les enfants d'une même mère. En langage
darwinien, ce sont des variétés déjà fixées par l'hérédité
et permettant encore des hybrides indéfiniment féconds. »
De là, le nom de race que le docteur Forel applique à « ces
formes constantes en tant que tous les individus d'une
communauté présentent les mêmes caractères, mais incons-
tantes en tant qu'on trouve des fourmilières dont tous les
individus présentent un ensemble de caractères intermédiaires entre ceux de cette race et ceux d'une ou de plusieurs autres. » Le titre d'espèce est par suite réservé « aux
formes bien tranchées ne montrant pas de transition entre
elles (1). »

Les espèces et les races dont il va maintenant être question sont réparties dans un rayon restreint autour de Clermont; elles sont néanmoins en nombre suffisant pour donner une idée de la faune française dont elles représentent
près de la moitié. Vu le peu d'étendue de la région considérée, leur distribution ne comporte que peu de remarques
générales. Elle semble dépendre plutôt d'autres conditions que de la nature géologique du terrain : telle forme,
comme la *M. ruginodis*, se plaît dans les lieux ombragés
et humides; telle autre, comme la *Plagiolepis pygmæa*, sur
les pentes sèches et rocailleuses; quelques unes établissant
leurs nids dans les arbres, se trouvent par là même con-
finées dans la région des grands bois (la plupart des *Camponotus), etc.* C'est la température qui influe avant tout

---

(1) Pour fixer les idées, considérons les espèces que les auteurs postérieurs à Linné
ont démembrées de la *F. rufa* L, sous les noms *F. Rufa* s. str. *pratensis* de Geer,
truncicola Nyl. Elles sont unies par les intermédiaires *Rufo pratensis* For *et Trunci-
colo pratensis* For. En adoptant la terminologie de Forel, nous dirons donc que ces
formes sont les races d'une même espèce : la *F. rufa* s. lat., comme l'indique le tableau
ci-dessous :

Espèce......................................	*Rufa* L.	
Races...............	*Rufa* s. str. — *Pratensis* de Geer, — *Truncicola*, Nyl.	
Formes de transition..	*Rufo-pratensis* For. — *Truncicolo-pratensis* For.	

sur la répartition des Formicides, et, si de la plaine l'on s'élève sur nos montagnes, on en voit peu à peu diminuer le nombre. Ainsi le *Lasius fuliginosus* commun jusqu'au pied du plateau qui supporte le puy de Dôme n'atteint guère le niveau de ce plateau qu'habitent par contre beaucoup d'espèces plus cosmopolites, d'autres *Lasius*, des *Formica*, *Lasius*, *Camponotus*, *Leptothorax*, *Formica*, etc. Lorsqu'on gravit la chaîne des puys, les fourmis deviennent tout à fait rares, et sur les sommets ou dans les cratères, je n'ai guère trouvé que la *Formica fusca* (puy de Dôme, Pariou, Côme, etc.). Je ne parle pas évidemment des individus sexués de *M. ruginodis* et autres que l'on rencontre parfois isolément, car s'ils ont pu, grâce à leurs ailes, atteindre ces hauteurs, ce n'est que pour y périr bientôt.

Genre *Camponotus*.

Les espèces indigènes de *Camponotus*, faciles à remarquer grâce à leur grande taille, sont assez répandues. Le *C. ligniperdus* abonde dans les bois de pins et de châtaigniers comme ceux de Royat et de Durtol, où il occupe surtout les versants exposés au midi. Le *C. æthiops* habite les mêmes localités, mais non pas exclusivement (pente ouest des Côtes, etc.). Les autres formes se voient moins souvent, et l'on m'a signalé le *C. pubescens*, sans que j'aie pu le découvrir.

Les *C. herculeanus* et *ligniperdus* établissent surtout domicile dans le bois. La plupart des souches de pin qui subsistent après les coupes, sont bientôt attaquées par ces espèces. Les fourmis minent préalablement leur nid dans la terre; puis, elles percent dans le bois quelques galeries verticales communiquant avec celles du nid par de courts couloirs horizontaux. Ces galeries sont d'autant plus nombreuses qu'elles sont situées plus bas : la partie supérieure de la souche est entièrement respectée, en sorte que la présence des fourmis n'est révélée par aucun indice. Une fois introduites les ouvrières ne tardent pas à élargir leurs galeries de manière à les transformer en de longues salles dirigées dans le sens des fibres et divisées par quelques piliers horizontaux. Les cloisons s'amincissent de plus en plus et deviennent semblables à de délicates dentelles, dont la minceur atteint parfois celle d'une feuille de papier.

Dans les châtaigniers j'ai trouvé, à plusieurs reprises, des nids d'une architecture tout à fait différente. Ils sont creusés dans les arbres encore vivants et s'élèvent à une assez grande hauteur. A la phériphérie est réservée intacte, pour la sûreté de l'édifice, une couche de bois dont l'épaisseur ne descend guère au-dessous de deux centimètres. Puis, viennent de grandes salles, régulières, horizontales, laissant entre elles d'épais planchers. Au centre, les cases sont plus petites; elles s'enchevêtrent les unes dans les autres en formant un labyrinthe inextricable (1). Elles ne sont plus alors séparées que par des murs fort minces, et l'ensemble prend jusqu'à un certain point l'apparence d'un nid de *Lasius fuliginosus*, d'autant plus qu'on y retrouve la teinte grise et enfumée, caractéristique de ces derniers.

Les salles périphériques semblent moins travaillées que les autres; les mandibules des travailleuses y laissent de petits bourrelets alignés à peu près dans la direction du rayon; en outre, les veines moins dures du bois ayant été entaillées plus profondément, toutes les cloisons sont creusées de sillons parallèles et concentriques. De l'existence de ces particularités résulte un aspect tout à fait spécial et facile à saisir. — J'ai toujours vu ces nids habités par le *C.*

---

(1) L'irrégularité des travaux des fourmis est due à leur façon de procéder. Pour elles, en général, « pas de plan arrêté, pas de méthode précise, pas de disposition géométrique... Chaque ouvrière travaille isolément, agit à sa manière, ne prenant conseil que de sa propre inspiration pour mener à bien la tâche qu'elle s'est imposée. Si elle est trop faible pour exécuter seule l'idée qu'elle a conçue, elle réclame l'aide de quelques amies; mais ces groupes de travailleurs sont toujours peu nombreux et indépendants les uns des autres. » (André, *loc cit.*, p. 95).

ligniperdus; il faut donc bien avouer que cette espèce sait varier beaucoup son mode d'architecture et s'adapter parfaitement à la nature du bois qu'elle sculpte. Elle doit, en outre, former des colonies, car il arrive de découvrir des galeries souterraines menant d'un arbre à l'autre.

Je ne saurais passer outre sans dire ici quelques mots d'un nid que j'ai vu trouver dans un bois de pins. Ce nid, creusé dans un arbre vivant, offre à la périphérie des salles verticales et concentriques; à une certaine hauteur commence une série de cases formant un escalier en spirale fort net et dont l'axe occupe exactement le milieu du tronc. Cette disposition très curieuse m'a engagé à consulter M. Ed. André. Le savant auteur du *Species des Hymenoptères* pense que c'est là l'œuvre du *C. pubescens*, mais sans pouvoir l'affirmer complètement, vu les variations que comporte l'architecture de cette espèce.

Les *Camponotus* nichent aussi dans le sol; c'est même là l'habitat ordinaire des *C. œthiops* et *sylvaticus*. Ces nids terrestres sont parfois surmontés d'un dôme à peine bombé et très difficile à reconnaître; les couloirs de sortie aboutissent sur les bords ou même à quelque distance.

La biologie des *Camponotus* n'offre aucun fait saillant. Leur régime se compose surtout de matières sucrées, et ils vont en file sur les arbres exploiter les pucerons. J'ai même vu le *C. ligniperdus* rechercher les galles habitées par le *Teras terminalis*, mais je ne sais trop pour quelle raison. Sans être bien timides, ces fourmis ne comptent pas parmi les plus courageuses. Les grandes ouvrières, munies de fortes mandibules, sont naturellement les plus redoutables, et leur aspect suffit souvent pour effrayer l'ennemi. Si ce dernier résiste, elles cherchent à le couper en deux et arrivent parfois à le blesser plus ou moins grièvement. C'est alors seulement qu'intervient le venin; le *Camponotus* l'éjacule, comme les *Formica* et les *Lasius*, en recourbant en dessous son abdomen. Les petites ouvrières ne laissent pas de se mêler aux autres et d'inter-

venir dans les combats, mais elles succombent généralement à cause de leur faiblesse.

En somme, le trait le plus spécial aux *Camponotus* est la
manière dont ils manifestent leur colère et dont ils s'aver-
tissent lorsqu'ils sont inquiétés : « non-seulement ils se
frappent vivement et à coups répétés les uns les autres,
mais en même temps ils frappent le sol deux ou trois fois
de suite avec leur abdomen et répètent cet acte à de courts
intervalles ce qui produit un bruit très marqué (1). »

GENRE *Formica*.

Première espèce : *F. rufa, s. lat.* — Sous ce nom, Linné
comprenait, comme on le sait, les *F. pratensis, rufa, s.
str.* et *truncicola*. Ces trois formes se trouvent dans notre
région. La première est sans contredit la plus commune :
dans les prairies, le long des haies, au bord des chemins,
dans tous les bois de conifères de nos environs immédiats
(Charade, Villars, etc.), jusqu'aux grandes forêts de
hêtres et de sapins qui entourent le pied de quelques puys,
on remarque ses dômes et les sentiers qu'elle établit à travers les herbes et la mousse. La *F. rufa s. str.* est beaucoup moins fréquente et ne quitte pas les grands bois
(Sarcenat). Enfin, la *F. truncicola* se trouverait dans les
environs de Ceyrat, mais je ne l'ai pas observée moi-
même.

Le nid de la *F. rufa* n'est, au début, qu'une simple cavité creusée dans le sol soit par les fourmis, soit par d'autres insectes dont elles utilisent les travaux. Des ouvrières
déposent sur l'entrée divers débris recueillis aux alentours
et les mêlent à la terre que d'autres apportent du fond des
galeries en voie de percement. L'édifice s'élève ainsi peu
à peu et l'on n'y laisse que des vides donnant accès aux
souterrains. La pression des couches superficielles, l'action

(1) Forel, *loc. cit.*, p. 354.

alternative de la pluie et du soleil serrent et consolident là masse. Les fourmis peuvent ainsi, sans compromettre la sûreté de l'ensemble, évider le dôme en construction, de manière à former des salles et des galeries, les déblais étant reportés à la surface ; cependant, comme elles minent surtout au centre, le dôme s'affaisse un peu et la base, construite en terre pure, prend la forme d'un cratère.

Les matériaux constitutifs du dôme sont assez divers : ce sont des fétus de graminées, des aiguilles de conifères, de graines, etc.; mais la *F. rufa* préfère entre tous les élément allongés. Les dômes ont une forme qui dépend en partie de circonstances accidentelles, mais chaque race sait leur donner un caractère spécial : ceux de la *F. pratensis* sont souvent plus aplatis, plus réduits que ceux de la *F. rufa, s. str.*; d'autre part, les dômes de la *F. truncicola* nous font passer à ceux de la *E. sanguinea* que nous étudierons plus loin.

Les nombreuses ouvertures du nid sont fermées la nuit. Elles le sont également pendant les jours pluvieux ; mais ce n'est pas là une règle tout à fait générale. Les fourmis ne semblent guère plus avancées que nous dans la science de la prévision du temps, et il n'est pas rare de les voir surprises par l'orage.

Les dômes s'accroissent sans cesse et s'altèrent plus ou moins; ils finissent par être envahis par une foule d'hôtes incommodes : les habitants déménagent et vont s'installer dans une autre demeure. C'est alors qu'on assiste aux « recrutements ». Il s'établit, entre l'ancien nid et le nouveau, deux courants opposés d'ouvrières, les unes allant à vide, les autres portant chacune une de leurs compagnes accrochée à leurs mandibules et repliée sous leur corps. Ce mode de transport se retrouve d'ailleurs chez la plupart des formicines.

La *F. rufa* est, en somme, une espèce utile ; bien qu'elle ne dédaigne pas les déjections des pucerons, elle est avant tout carnassière ; elle fait la chasse aux petits animaux et débarrasse les arbres de son domaine de tous leurs parasites ; on ne saurait croire combien est grand le nombre d'insectes rapportés chaque jour à son nid.

Ainsi que le fait remarquer Forel, la fourmi fauve est caractérisée par le manque d'initiative individuelle : « Dans les combats, sa tactique est toujours d'aller en une seule masse serrée, droit en avant (1). » Lorsque deux fourmilières de cette espèce en viennent aux prises, la lutte est vive, et rien n'est plus curieux que de voir les longues chaînes de combattants cramponnés les uns aux autres et cherchant mutuellement à s'entrainer. Ces guerres n'entravent point les travaux habituels de la cité ; la population est assez nombreuse pour qu'une partie puisse protéger l'autre : d'après l'estime de Forel, les grands nids ne renferment pas moins de plusieurs centaines de milliers d'habitants (2).

Après les fatigues de la guerre, les loisirs de la paix. Les fourmis fauves ne jugent pas indigne de se délasser de leurs travaux par des jeux : « Comme chez les peuples primitifs, la lutte, le pugilat, les exercices du corps sont les distractions ordinaires qu'elles paraissent affectionner (3). » En effet, on voit les ouvrières lutter deux à deux, mais d'une façon tout à fait amicale et, la joute finie, retourner à leurs occupations. « J'avoue que ce fait peut paraître imaginaire à qui ne l'a pas vu, quand on pense que l'attrait des sexes ne peut en être la cause (4). » Il offre néanmoins toute la certitude possible, étant confirmé par les auteurs les plus consciencieux.

Les mœurs des trois races de la *F. rufa* sont trop peu différentes pour qu'il y ait lieu d'insister. J'ajouterai seulement que la *F. pratensis* fait parfois de timides essais

(1) Forel, *loc. cit.*, p. 354.
(2) Forel, *loc. cit.*
(3) André, p. 171.
(4) Forel, p. 368.

d'esclavage. Il en est de même de la *F. truncicola* qui, par d'autres détails se rapproche encore plus de la *F. sanguinea*.

2ᵉ Espèce : *F. fusca.* — A part la *F. gagates*, les races de cette espèce sont communes. La *F. fusca s. str.* se trouve pour ainsi dire partout, et je ne connais guère de localités où elle fait défaut. La *F. rufibarbis* ne s'élève pas à une aussi grande altitude, mais elle est très répandue dans les régions inférieures. Quant à la *F. cinerea*, bien qu'elle habite aussi les champs (Sarcenat, etc.), elle pénètre jusque dans nos jardins et même il n'est pas rare de la voir courir dans les rues excentriques de la ville.

La *F. fusca* établit son nid dans le sol (1) et le surmonte généralement d'un dôme fort différent de celui de la *F. rufa* et par l'aspect et par le mode de construction. Les ouvrières, en effet, recouvrent le faîte d'une épaisse couche de terre, et s'est dans cette couche même qu'elles tracent en creux et en relief le plan d'un nouvel étage; elles y creusent de petits fossés plus ou moins rapprochés et d'une largeur proportionnée à leur destination ; puis elles élèvent les murs ainsi délimités et maçonnent les voûtes qui recouvrent les couloirs et les galeries. Elles témoignent d'une grande habileté pour utiliser la présence de quelques débris dont elles consolident leur édifice. Leurs nids sont quelquefois entièrement souterrains et l'absence de dôme les rend alors fort difficiles à découvrir.

L'architecture de la *F. fusca* est caractérisée avant tout par son peu de régularité. Les fourmis noir-cendrées sont, en effet, celles qui montrent le plus d'indépendance individuelle pour le but à accomplir. « Leurs nids offrent toujours des murs épais, formés d'une terre grossière et rabo-

---

(1) Les espèces maçonnes pour la plupart nichent souvent sous les pierres ; c'est là qu'on devra les chercher pour étudier facilement les détails de l'architecture intérieure de leur nid.

teuse ; on n'y trouve ni chemins, ni galeries proprement dites, mais des passages en forme d'œil-de-bœuf ; partout de grands vides, de gros massifs de terre, et l'on remarquera que les fourmis ont conservé une certaine relation entre les piliers et la largeur des voûtes auxquelles ils servent de supports (1). » Les dômes ont une forme plus ou moins symétrique et paraissent à peu près fermés ; les couloirs de sortie débouchent soit sur les côtés soit même aux alentours.

La *F. rufibarbis* se passe le plus souvent de dômes, et, en tout cas, les construit plus ouverts. La *F. cinerea* s'installe aussi dans la terre, mais elle habite plus communément les interstices des murs et des rochers, où elle forme de nombreuses colonies.

Les races de la *F. fusca* semblent séparées plus par le caractère que par les particularités anatomiques. La *F. cinerea* est une forme très agile et très courageuse, dont la vie se passe au grand jour. Comme les deux autres, elle vit indifféremment de proie ou du produit des pucerons. Les *F. fusca* et *rufibarbis* sont les victimes ordinaires des espèces esclavagistes de formicines. La première, très timide, combat sans ensemble et se laisse facilement subjuguer. La *F. rufibarbis*, si semblable à la précédente qu'il est souvent difficile de l'en distinguer, s'en éloigne complètement par son audace et son courage ; elle montre plus d'entente dans la défense et résiste énergiquement aux invasions. Ces différences dans le caractère des esclaves se reflètent même sur celui de leurs ravisseurs ; « les amazones servies par la *F. fusca*, acquièrent plus de douceur, de réserve, de lenteur dans leurs mouvements que celles alliées à la *F. rufibarbis*, dont l'allure vive et décidée communique à ses maîtres une plus grande activité. »

3ᵉ Espèce : *F. sanguinea*. — Il est assez rare d'assister aux expéditions de la fourmi sanguine bien que ses nids

(1) Cf. Huber, p. 27 et sq.

soient communs. Cette espèce paraît craindre l'humidité ;
elle occupe surtout les endroits incultes et ensoleillés. Elle
s'établit même assez souvent dans les murs grossièrement
construits en pierres sèches, dont elle comble les interstices avec de la terre et divers matériaux. On peut voir
bon nombre de ces nids dont l'observation est très facile,
le long des chemins qui rayonnent autour de Charade,
Villars, le Cressigny, etc.

La *F. sanguinea* construit des dômes qui rappellent
de loin ceux de la fourmi fauve, mais la terre y est plus
abondante et les éléments arrondis, comme les fragments
de feuilles sèches, les graines etc., sont employées de préférence aux autres ; en outre les ouvrières les construi-
sent un peu à la manière des fourmis noir-cendrées, édi-
fiant à la surface, ce que ne fait jamais la *F. rufa*. — Ces
dômes, par leur plus ou moins grande abondance en matériaux ligneux forment toutes les transitions possibles
entre ceux des *F. rufa* et des *F. fusca*.

Les nids de la *F. sanguinea* n'atteignent jamais la gran-
deur des nids de la fourmi fauve ; ce fait s'explique aisément si l'on considère l'humeur vagabonde des fourmis
sanguines qui les porte à quitter fréquemment leur habitation pour aller s'établir dans une autre qu'elles cons-
truisent ou qu'elles conquièrent sur d'autres espèces.

La *F. sanguinea* est une des fourmis les plus intelli-
gentes, « aucune autre n'est susceptible d'autant de modi-
fications dans ses habitudes et dans sa manière d'agir suivant les circonstances ; elle sait se faire des esclaves d'une
foule d'espèces, combat avec une tactique étonnante, fait
son nid de toutes les manières imaginables, suivant l'endroit où elle se trouve, combine ses plans d'attaque contre
les espèces les plus diverses (*L. niger, F. pratensis, F.
fusca*) (1). » Cette intelligence apparaît pour peu que l'on
observe, mais Forel cite dans ses « Fourmis de la Suisse, »

(1) Forel, p. 443.

des faits remarquables qui en sont les preuves les plus claires (1).

La *F. sanguinea* qui sait d'ailleurs très bien se suffire à elle-même, recrute d'ordinaire ses esclaves parmi les *F. fusca* et *rufibarbis*, mais elle s'attaque aussi quelquefois aux *F. gagates, cinerea, rufa* et *pratensis*. Sa tactique habituelle est de marcher en petites troupes qui se rendent les unes après les autres à la fourmilière assiégée, jusqu'à ce que l'armée soit en force suffisante pour commencer l'assaut. C'est là une première différence entre les fourmis sanguines et les amazones ; nous en trouvons un autre dans ce fait que les premières entreprennent leurs expéditions dès le matin, pour rentrer plus ou moins tard suivant les circonstances.

Genre *Polyergus*.

Polyergus rufescens. — Pendant l'été, de juillet en septembre, il arrive à chaque instant de voir des armées de *Polyergus rufescens* s'aventurer jusque sur les grandes routes. Ce n'est pourtant pas que cette fourmi soit très commune ; je n'en ai guère découvert plus d'une dizaine de nids. On les observe aussi bien dans la plaine que sur les premiers contreforts des montagnes : Durtol, Bonnabry, pente Est de Prudelles) ; mais ils ne semblent pas atteindre le niveau même du plateau. Les amazones étant dans l'impossibilité de travailler elles-mêmes, laissent à leurs esclaves le soin de l'habitation. Leurs nids varient donc suivant l'espèce alliée.

(1) Si, ajoute cet auteur, nous considérons d'un côté la grande intelligence des mammifères supérieurs, l'analogie si complète de leur structure avec celle de l'homme, et de l'autre la ressemblance non moins frappante de la vie sociale des fourmis avec la nôtre, tandis que leur forme et leurs facultés individuelles sont si éloignées de nous, on ne peut s'empêcher de penser que l'union de ces deux facteurs, la naissance et le perfectionnement de l'instinct social chez un mammifère supérieur, a dû suffire pour produire l'homme avec toutes ses facultés, cette union devant donner une immense impulsion aux fonctions du cerveau et déterminer ce dernier à se développer.

C'est entre deux et cinq heures de l'après-midi que les Polyergues vont en expédition; « avant leur départ, ils se promènent comme à l'ordinaire sur leur dôme. Tout à coup, sans que les esclaves y fassent grande attention, quelques amazones rentrent précipitamment dans le nid et des flots d'ouvrières de cette espèce en sortent, se frappant de leur front les unes les autres, puis, partent dans une direction en armée plus ou moins longue et plus ou moins large mais toujours compacte. La tête, formée de quelques fourmis, avance en se renouvelant continuellement, les premières retournant jusqu'à la queue. » D'espace en espace la colonne s'arrête pour donner aux retardataires le temps d'arriver, et la masse repart bientôt dans le même ordre qu'auparavant. Enfin elle parvient à la fourmilière d'esclaves. Les Polyergues y pénètrent de vive force et en ressortent, emportant les cocons qu'ils embrassent de toute la longueur de leurs mandibules, au lieu de les pincer sur un point de leur surface comme font les autres fourmis. Quelle que soit la résistance qu'ils rencontrent ils ont toujours le dessus, grâce à leur impétuosité et surtout à l'excellence de leurs armes dont les blessures produisent de si singuliers effets. — Le retour au nid ne s'effectue pas dans les mêmes conditions; les vainqueurs s'en vont complètement à la débandade, ne s'écartant pas du chemin déjà parcouru de crainte de s'égarer, car un fait remarquable signalé par Forel, est l'affaiblissement de la faculté d'orientation chez les légionnaires embarrassées par leurs cocons.

Toutes les expéditions n'ont pas la même issue et il arrive de voir les amazones rentrer à vide, soit qu'elles n'aient pas trouvé de nid à piller, soit pour toute autre cause. A chaque départ l'impulsion est donnée par un groupe.d'ouvrières, et c'est, sans doute, autant pour s'assurer qu'elles sont suivies que pour donner la direction que les fourmis redescendent de la tête à la queue de la colonne en passant entre les rangs de leurs compagnes.

On comprend que, si les avis sont partagés, si plusieurs partis cherchent à entraîner l'armée chacun de leur côté, il en puisse résulter une hésitation nuisible ou fatale au succès de l'entreprise.

Les *Polyergues* font un très grand nombre d'expéditions, revenant parfois à plusieurs reprises à l'assaut d'une fourmilière ; ils enlèvent ainsi de vingt à quarante mille nymphes par an, en sorte que les esclaves forment à peu près les sept huitièmes de la population des nids mixtes. — Les armées sont plus ou moins importantes ; on en a vu qui étaient composées de plus de deux mille légionnaires, alors que d'autres n'en comprenaient pas cent ; mais il reste toujours un certain nombre d'amazones de garde à la fourmilière. Enfin un calcul intéressant du Dr Forel, à qui j'emprunte tous ces chiffres, montre que la vitesse moyenne d'une colonne en expédition, arrêts et pillage compris, peut être considérée comme étant d'un mètre par minute ; mais sur un terrain plat une armée, marchant à toute vitesse, parvient à parcourir un mètre en vingt-cinq secondes. « Pour aller aussi rapidement en proportion, un homme devrait faire plus de trente-cinq kilomètres à l'heure, c'est-à-dire courir aussi vite que le chemin de fer (1). »

Genre *Lasius*.

Première espèce : *L. Fuliginosus*. — Cette fourmi, très commune dans la plaine, s'arrête à peu près à la même altitude que l'espèce précédente. Elle s'établit dans le bois vivant, sans avoir de préférence pour aucune essence spéciale ; je l'ai vue dans le noyer, le chêne, le pin, mais plus souvent dans les saules. Son nid se compose d'un labyrinthe extrêmement compliqué de salles enchevêtrées les unes dans les autres. Les cloisons et les piliers qui sépa-

---

(1) Forel, p. 291.

rent ces cases ont parfois un aspect velouté dû à la présence d'une fine villosité qui les recouvre ; ils sont constitués par un carton de couleur grise enfumée et formé de parcelles ligneuses liées par un ciment organique que sécrètent sans doute les glandes mandibulaires et métathoraciques très développées de la fourmi. On ignore encore le mode de construction de ces nids, les *Lasius* s'étant toujours refusés à travailler en captivité. Forel en cite aussi d'anormaux dont le carton est fabriqué à l'aide de matières terreuses : je n'en ai encore découvert aucun de cette nature dans notre région.

Ces nids qui se continuent en général par des étages creusés dans la terre au pied des arbres, contiennent une immense population, et les *Lasius fuliginosus* sont celles de nos fourmis indigènes qui fondent les plus vastes colonies. Il arrive souvent de voir plusieurs arbres occupés par une seule de leur société ; le plus gros sert de métropole et est relié aux autres par de longues files de travailleuses circulant sur des chemins battus.

Le régime des fourmis fuligineuses est varié : elles vont jusque dans les plus hautes branches de leurs arbres chercher les pucerons, mais elles ne laissent pas non plus de s'attaquer aux petits animaux pour en faire leur proie. Elles sont d'ailleurs assez courageuses et cambattent à la manière ordinaire des Lasius.

2e Espèce : *L. niger*. — Le *L. niger s. str.* en est la forme la plus répandue ; il se trouve à peu près partout jusqu'au pied de la chaîne des Puys. Le *L. emarginatus* ne s'élève pas aussi haut, mais il peuple les murs de nos jardins et de nos maisons où il s'introduit pour faire par ses rapines le désespoir des ménagères. Les *L. alienus* et *brunneus* sont moins communs, et le dernier me paraît confiné dans un rayon très restreint autour de la ville.

Les *L. niger* et *alienus* sont les fourmis maçonnes par excellence et leurs constructions se reconnaissent à leur

fini. Ce n'est que pendant une pluie légère que les ouvrières de cette espèce édifient leur demeure, car l'eau est
le seul ciment qu'elles emploient. Elles apportent du fond
de leurs galeries de petites pelotes de terre et en maçonnent directement les murs et les voûtes. « Les dômes sont
ainsi construits par étage de quatre à cinq lignes de haut,
dont les cloisons n'ont pas plus d'une demi-ligne d'épaisseur et dont la matière est d'un grain si mince, que la surface des murs intérieurs en paraît fort unie. Ces étages
ne sont point horizontaux, ils suivent d'ordinaire la pente
de la fourmilière, de sorte que le supérieur recouvre tous
les autres, le suivant embrasse tous ceux qui sont au-dessous de lui et ainsi de suite jusqu'au rez-de-chaussée qui
communique avec les étages souterrains. Ils ne sont pas
toujours rangés avec la même régularité, mais quelque
bizarre que puisse paraître leur maçonnerie, on reconnaît
toujours qu'elle a été formée par étages concentriques. —
Si l'on examine chaque étage séparément, on y voit des
cavités travaillées avec soin en forme de salles; des loges
plus étroites et des galeries allongées qui leur servent de
communication. Les voûtes des places les plus spacieuses
sont supportées par de petites colonnes, par des murs fort
minces ou enfin par de vrais arcs-boutants. Ailleurs on
voit des cases qui n'ont qu'une seule entrée ; il en est dont
l'orifice répond à l'étage inférieur; on peut encore y remarquer des espaces très larges, percés de toute part et formant une sorte de carrefour où toutes les rues aboutissent.
Tel est à peu près l'aspect dans lequel sont construites les
habitations de ces fourmis (1). »

Les *L. niger* et *alienus* s'introduisent sous les écorces
à demi détachées des arbres morts, et établissent des
planchers assez épais de sciure de bois ou de terre, déli-
mitant des galeries plus ou moins étroites. Ils savent même
sculpter le bois. Leurs nids ligneux sont très fréquents, et

(1) Huber, p. 28.

se reconnaissent aisément à ce que tout y est à peu près disposé à angle droit.

Le *L. brunneus* loge d'ordinaire dans les écorces, mais sans y rester toujours confiné ; il se trouve rarement sous les pierres. Quant au *L. emarginatus*, il n'habite guère que les interstices des murs où il fonde de populeuses communautés.

De toutes les espèces maçonnes, le *L. niger s. l.* est celle qui bâtit le plus souvent des chemins couverts ; ces chemins sont construits soit avec de la terre, soit avec des débris d'écorce qui forment un ensemble très fragile *(L. brunneus)*. Ils aboutissent en général aux pâturages aériens des pucerons, où ils peuvent s'élargir de manière à former des pavillons suspendus.

Le régime du *L. niger s. l.* consiste surtout en matières sucrées : c'est dire qu'il recherche les aphidiens. Les *L. brunneus* se nourrissent ainsi aux dépens de gros pucerons vivant sur l'écorce à leur portée et dont ils ont grand soin.

Les mœurs des différentes races sont assez peu variées ; à part la forme *brunneus*, qui est d'une insigne lâcheté, les *Lasius* ne manquent pas de courage, mais ils combattent sans grand ensemble. « Toute leur tactique consiste à attraper les jambes de leurs ennemis, en se réunissant au nombre de quatre ou cinq. Ils font cela même pour des adversaires de leur taille. Lorsque leur demeure est assiégée, ils ne cherchent jamais à s'enfuir tous ensemble de leur nid avec leurs larves, leurs nymphes et leurs femelles fécondes, comme le font les *Formica*, les *Camponotus*, les *Plagiolepis* et quelquefois les *Tapinoma ;* mais ils se cachent dans leurs souterrains, tout en les défendant à outrance galerie par galerie. C'est un vrai combat de barricades ; ils bouchent toutes les avenues, avec des grains de terre que l'ennemi doit enlever pour avancer. Leurs nids étant toujours fort grands et construits en vrais labyrinthes, ils peuvent soutenir cette lutte assez longtemps, à moins que l'ennemi ne soit en nombre immense. Pendant ce temps, ils minent activement la terre dans une direction quelconque, afin de s'évader ; le plus souvent, du reste, ils ont des canaux souterrains creusés d'avance. » Ces procédés de défense ne sont pas tout à fait spéciaux aux *Lasius ;* nous les retrouverons chez quelques espèces, comme les *Tetramorium* et les *Tapinoma.*

3ᵉ et 4ᵉ espèces. *L. flavus* et *umbratus.* — Le *Lasius flavus* est une espèce très commune ; dans toutes les prairies, on remarque ses dômes que l'on prendrait pour de grands nids de taupes, s'ils n'étaient recouverts de gazon comme le reste du sol. Le *L. umbratus* est moins fréquent, mais se retrouve çà et là.

Les dômes sont très massifs et moins finement construits que ceux de l'espèce précédente, mais ils atteignent de plus fortes dimensions ; les cloisons y sont très épaisses, et partant les étages sont peu accusés ; d'ordinaire fermés, ils s'ouvrent de tous les côtés pour la sortie des mâles et des femelles. — Les *L. flavus* et *umbratus* ne savent pas varier leur architecture, et ce n'est qu'assez rarement qu'on les trouve sous les pierres.

Ce sont des espèces très timides et qui mènent une existence souterraine. Elles ne vivent que du produit de leurs troupeaux dont elles prennent un soin extrême.

Genre *Plagiolepis.*

La seule espèce indigène de ce genre, la *Pl. pygmea,* est loin d'être commune : je ne l'ai trouvée qu'à Montaudoux et à Crouelle, sous les rocailles et dans les endroits les plus ensoleillés. Elle paraît vivre uniquement aux dépens des pucerons qu'elle recherche au dehors ou sur les racines. Malgré sa petite taille, c'est une fourmi très courageuse (Forel).

Genre *Tapinoma*.

Ce genre n'est aussi représenté dans notre région que par une seule espèce, le *T. erraticum*, qui vit dans la terre et qu'on trouve assez fréquemment. Cette fourmi ne construit jamais de dômes définitifs ; elle élève seulement de petits édifices temporaires fort curieux, exagérant en cela l'habitude de la plupart des fourmis maçonnes. « Dès l'apparition des premiers rayons du soleil du printemps (1), les ouvrières sont en activité plus tôt que la plupart des autres fourmis ; elles portent leurs œufs des souterrains et les placent sous la croûte superficielle du terrain. Là les œufs éclosent rapidement et les larves grossissent. Mais le soleil fait aussi pousser l'herbe, et les larves se trouvent bientôt à l'ombre. Alors on voit sur tous les prés s'élever, en peu de jours, des centaines de petits dômes en forme de tours, auxquels les touffes d'herbe servent d'échafaudage. Ces dômes s'élèvent perpendiculairement à une hauteur de deux ou trois pouces, rarement plus, mais cela leur suffit ordinairement pour dominer la partie la plus touffue des graminées. Ces dômes sont composés d'une croûte extérieure très fragile en grains de terre agglomérés, formant un mur plus ou moins cylindrique et vertical et dont le sommet est voûté. L'intérieur est un échafaudage de feuilles de graminées qui se tordent en cherchant à croître, et que les fourmis relient quelque peu entre elles par de la terre pour les fixer. Tout le dôme ne forme ainsi qu'un grand hangar. Les ouvrières se tiennent toutes accrochées par les pattes au plafond de leur voûte ou aux innombrables poutrelles de terre et de verdure qui composent l'édifice, ou bien encore accrochées les unes aux autres, portant chacune une larve ou un paquet de petites larves et d'œufs suspendu à ses mandibules. Sitôt que l'herbe est fauchée, ces dômes s'aplatissent ; dès que les mâles et les

---

(1) J'emprunte cette description au docteur Forel, auquel on doit l'Histoire du *Tapinoma erraticum*.

femelles sont envolés, ils disparaissent à peu près totalement. Quelquefois, lorsque l'herbe repousse, on en voit quelques-uns se reformer pour les larves et les nymphes des ouvrières qui doivent éclore, mais jamais ils n'atteignent la hauteur des premiers. La partie souterraine des nids du *T. erraticum* est solide, les cases et les galeries y sont petites et éloignées les unes des autres, ce qui contraste avec l'architecture des dômes. »

Latreille ne pouvait mieux dénommer cette espèce : non-seulement le *Tapinoma erraticum* change fréquemment d'habitation, sans qu'on puisse découvrir la cause de ces déménagements, mais encore on en voit toujours les ouvrières rôder çà et là, en quête de quelque proie. Cette fourmi recherche rarement les pucerons; elle se nourrit surtout de matières animales, et avec le *Tetramorium cœspitum* et la *Myrmica scabrinodis*, visite les champs de bataille pour enlever les morts venir s'en repaître à son nid.

Les *Tapinoma* se distinguent des autres fourmis par quelques particularités. Ils n'usent point du mode de transport ordinaire aux formicines. La porteuse saisit sa compagne par le thorax et par une patte, au lieu de la prendre par les mandibules. Leur vessie à venin est construite sur un type spécial qui constitue un caractère du groupe des *Dolichoderites*; le venin, d'une odeur caractéristique et très redouté des autres espèces, peut être répandu quelle que soit la position de l'abdomen; il n'est pas éjaculé, et le *Tapinoma,* pour en inonder son ennemi, doit le toucher de l'extrémité de son corps. Chez les fourmis du groupe des *Camponotiles*, au contraire, l'ouvrière sait lancer au loin l'acide formique, mais elle ne le fait qu'à la condition de recourber son abdomen en dessous en se redressant sur ses pattes. — Quant à la tactique générale du *Tapinoma*, elle peut varier; mais d'ordinaire, lorsque ces fourmis sont assiégées dans leur nid, elles emploient les mêmes procédés de défense que les *Lasius*.

Genre *Myrmica*.

Myrmica rubra. — Linné comprenait sous ce nom un ensemble des formes qu'on a séparées de manière à former six races ; quatre d'entre elles se trouvent dans notre région et trois sont communes. La *Myrmica lœvinodis* et la *M. ruginodis* habitent surtout les endroits humides , comme les bois de châtaigniers de Royat, de Bonnabry, etc. La *M. scabrinodis* recherche, au contraire, les pentes ensoleillées de nos montagnes. Enfin la *M. rugulosa* m'a été signalée, mais je ne l'ai pas trouvée moi-même.

Les nids des *Myrmica,* installés dans le sol, sous les pierres ou à découvert, sont dépourvus de dôme permanent. Ils présentent, par contre, des dômes temporaires analogues à ceux des *Tapinoma,* mais moins cylindriques; j'en ai remarqué un en particulier, construit d'une façon fort originale, avec des fragments de bouse desséchée. — Les *Myrmica lœvinodis* et *ruginodis* s'établissent aussi quelquefois dans le bois pourri.

Comme les *Lasius,* les *Myrmica* et surtout la *M. Lœvinodis,* savent faire des chemins couverts et des pavillons à puçerons. La *M. scabrinodis* va également à la maraude, car elle joint au défaut d'être lâche celui d'être très voleuse. Les deux autres formes sont belliqueuses : ce sont là les seules fourmis dont nous ayons à redouter l'aiguillon, et encore leur piqûre ne cause-t-elle qu'une douleur insignifiante et de peu de durée.

Genre *Aphœnogaster.*

L'*A. structor* est une fourmi très répandue et facile à trouver, car elle ne craint pas de s'installer au milieu même des chemins (Champradeix, Villars, etc.). L'*A. subterranea* n'est pas non plus une espèce rare, bien qu'elle soit moins fréquente que la précédente (Durtol , Montjuzet, etc.). Quant à l'*A. barbara*, elle n'a pas été découverte à ma connaissance dans les environs de Clermont, bien qu'elle doive y exister.

Les nids de l'*A. structor* (1) sont simplement minés, mais leurs ouvertures sont protégées par un rempart de sable qui affecte la forme d'un cratère et en décèle à première vue la présence. Ces cratères sont édifiés avec les matériaux tirés des galeries, et l'on voit constamment les fourmis y apporter de nouveaux grains de terre. Ils varient plus ou moins d'importance; Forel leur assigne deux à trois centimètres de hauteur; mais, dans notre région, il est commun d'en voir de plus élevés. Les nids occupent souvent une grande étendue, formant des colonies et présentant des entrées multiples et rapprochées les unes des autres. Établis sous les pierres ou dans les interstices des murs, ils se laissent toujours aisément découvrir, grâce à l'existence des cratères qui dans ce cas sont plus ou moins déformés.

Nous connaissons déjà les traits les plus remarquables de la vie des *Aphœnogaster*. Ce sont des fourmis assez timides ; leur aiguillon est d'ailleurs faible et leurs mandibules sont plutôt des instruments de travail que des armes. Leur tactique rappelle celle des *Camponotus* : « Les grosses ouvrières vont en avant, donnant à tort et à travers des coups de dents violents, en imprimant un élan à tout leur corps. Elles se défendent aussi en plaçant leurs têtes devant chaque ouverture, comme le font la plupart des fourmis (2).

Genre *Tetramorium*.

T. cœspitum. — Cette espèce est une des plus communes ; elle abonde en particulier dans les prairies, les

---

(1) Je laisse de côté l'*A. subterranea*, dont les mœurs ne présentent rien d'intéressant. Cette espèce creuse son nid sous les pierres et mène une vie tout à fait souterraine.

(2) Forel, p, 382.

champs, les jardins, et se rend très désagréable en pénétrant sous les vêtements lorsqu'on vient à séjourner près de ses fourmilières.

Le *T. cœspitum* bâtit à la façon des *F. fusca*, mais ses nids sont bien moins grossiers et présentent un aspect facile à reconnaître. Les dômes que les ouvrières recouvrent, dans certains cas, de débris divers de petites dimensions, tels que fragments de graminées, feuilles et fruits de bruyère, etc., diffèrent de ceux de la fourmi noir-cendrée en ce qu'ils sont percés d'un grand nombre d'ouvertures, mais petites et peu apparentes. Il existe souvent des dômes secondaires, irréguliers, plus ou moins solides et relativement plus grands que ceux que la *F. fusca* sait aussi construire. — Le nid peut être seulement miné et placé sous une pierre ; lorsqu'on enlève cet abri, on voit les cases pleines de larves et de nymphes, parmi lesquelles on remarque à première vue celles des individus sexués, qui sont si grandes par rapport aux autres, qu'on les croirait d'une espèce différente. Enfin il arrive de trouver des fourmilières de *Tetramorium* dans les fentes des murs et des rochers, mais rarement dans les vieux troncs.

Les *T. cœspitum* ne semblent guère vivre de pucerons, et en tout cas ils ne vont pas les chercher sur les parties aériennes des plantes. Ce sont des fourmis très courageuses ; mais grâce à la dureté de leur cuirasse, leurs guerres affectent d'ordinaire « un caractère de lenteur et de chronicité tout particulier ». Toutefois, si elles ont affaire à des adversaires d'une espèce différente, la lutte devient très violente, et je les ai vues résister sans désavantage à une invasion de fourmis sanguines que j'avais provoquée.

Les fourmis des gazons m'ont donné l'occasion de constater un fait qui n'avait pas été observé de près, du moins pour les fourmis d'Europe, bien que M. André l'eût signalé sur le dire de nombreux témoins. Lorsqu'une inondation envahit leur demeure, les *Tetramorium* savent s'agglomérer en essaims qui flottent à la surface de l'eau et que le vent finit toujours par pousser à la rive. Le seul de ces essaims que j'ai capturé était composé exclusivement d'ouvrières, au nombre d'une centaine environ; peut-être les autres habitants du nid s'étaient-ils déjà échappés et avec eux les larves et les femelles fécondes. (1).

Genre *Leptothorax*.

Ce genre comprend un grand nombre de formes mal définies, dont trois seulement ont été rencontrées ici : les *L. Acervorum, Tuberum* et *Unifasciatus*. Cette dernière est la seule répandue ; elle abonde dans toute la région montagneuse immédiate.

Le *L. acervorum* se trouve sous les écorces des pins ou dans le bois pourri et manque dans la plaine. Les *L. tuberum* et *unifasciatus* nichent plus communément sous les pierres, et le plateau de Pradelles semble leur localité de prédilection. Sous les débris de basalte qui encombrent le versant nord on découvre quantité de fourmilières de *L. unifasciatus*, établies soit dans une cavité du sol, soit dans l'intervalle de deux pierres posées l'une sur l'autre.

A en juger par les expériences de Forel, les *Leptothorax* ne dédaigneraient pas de se nourrir de proie, mais ils recherchent surtout les matières sucrées; on voit souvent les Euphorbes visités par le *L. unifasciatus*. En captivité, ils peuvent vivre exclusivement de miel.

Les *Leptothorax* sont des fourmis timides et je ne leur ai pas vu livrer un seul combat. On peut même, comme j'en ai fait plusieurs fois l'expérience, fusionner leurs sociétés sans occasionner trop de tiraillements.

J'en ai gardé longtemps en fourmilières artificielles

(1) C. f. Feuille des jeunes naturalistes, nº 212.

sans constater beaucoup de faits particuliers. Comme le remarque Forel, les femelles fécondes ont plus d'initiative que dans les communautés plus populeuses ; elles vivent presque comme les neutres et sont seulement moins aptes au travail. Les ouvrières ont grand soin des œufs et, dans certains cas, se réunissent en essaims autour d'eux (fourmilières enfermées dans des boîtes dépourvues de terre). Les recrutements se font à la manière habituelle des *Myrmicides* et notamment des *Tetramorium*, la porteuse saisissant l'autre par les mandibules et la rejetant sur son dos.

Genre *Solenopsis*.

S. Fugax. — Cette espèce minuscule s'établit souvent, en parasite sans doute, dans les cloisons des autres nids ; mais il n'est pas rare d'en trouver de populeuses fourmilières isolées dans les prairies, les pacages exposés au soleil. Ses nids se décèlent, dans certains cas, par la présence de petits dômes de terre analogues à ceux du *Tetramorium*, mais plus souvent ils sont purement minés. On en trouve sous les pierres, et il est alors plus facile de juger de leur disposition particulière ; ils comprennent de grandes cases unies par des galeries de deux sortes : les unes larges, laissant accès à tous les individus ; les autres très petites, où les ouvrières peuvent seules pénétrer, étant bien inférieures pour la taille aux mâles et aux femelles.

Les *Solenopsis* mènent une vie souterraine, se nourrissant aux dépens des pucerons de racines. Ce sont des fourmis presque aveugles, délicates, d'allures lentes et pourtant courageuses.

Telle est la série des formes que j'ai rencontrées dans les environs de Clermont ; elle est sans doute incomplète, mais elle peut toujours donner une idée suffisante de la

faune de notre pays. Il m'a semblé utile de réunir ces espèces en un tableau synoptique, de manière à permettre à
chacun de les déterminer. Je ne considère que l'ouvrière ;
de sa connaissance il est aisé de déduire celle des mâles et
des femelles, pourvu qu'on les prenne au nid. Je néglige les
formes intermédiaires, car il sera facile de les reconnaître
au mélange des caractères indiqués pour les types, et
la place en est toute marquée. En un mot, j'ai cherché
à simplifier, autant que possible, la partie la plus ardue
de la Myrmécologie. Si le lecteur trouve cette esquisse
insuffisante, il se reportera aux grands ouvrages de
Mayr, de Forel et d'André ; il y trouvera exposés avec
la plus grande méthode tous les détails nécessaires à
l'étude spécifique des fourmis.

TABLEAU SYNOPTIQUE DES FOURMIS INDIGÈNES.

—

I. Tribu des Formicines. — Un seul article au pédicule ; pas d'aiguillon.

1. Groupe des *Camponotiles*. — Chaperon non prolongé
entre les antennes.

1er genre : *Camponotus* Mayr. — Fourmis de grande taille (6-14mm);
ocelles nuls; dos du thorax continu (1); antennes éloignées du bord postérieur
du chaperon.

A. Bord antérieur du chaperon en ligne brisée. Mandibules de 6 à 7 dents : *C. sylvaticus* Ol.

> Mandibules, fouet, articulations des pattes et tarses rougeâtres. Le reste du corps noir............ *C. œthiops*. Lat.
>
> Mandibules, antennes et pattes brun-marron ou jaune-brun. Le reste du corps noir ou varié de rouge..................... *C. sylvaticus* Ol. s. str.

B. Bord antérieur du chaperon simplement sinueux. Mandibules de 4 à 5 dents :

a. Corps varié de rouge et de noir : *C. herculeanus* L.

> Premier segment abdom. d'un rouge plus ou moins vif dans sa partie antérieure............. *C. ligniperdus* Latr.
>
> Premier segment abd. entièrement noir ou muni seulement d'une petite tache rouge ou rougeâtre.. *C. herculeanus* L. s. str.

b. Corps entièrement noir..................... *F. pubescens* Fabr.

2e genre : *Formica* L. — Fourmis de taille moyenne (4-9mm); dos du
thorax non continu. Antennes insérées aux extrémités antérienres des arêtes
frontales. L'aire frontale qui est triangulaire, le sillon frontal et les ocelles
sont très distincts.

A. Chaperon non échancré à son bord antérieur :

a. Aire frontale lisse et brillante. Dessus du corps toujours varié de rouge et de noir : *F. rufa* L.

> Yeux pourvus de poils ; pronotum marqué d'une tache noire qui atteint au moins le bord postérieur..................... *F. pratensis* De Geer.
>
> Yeux dépourvus de poils ; pronotum entièrement rouge, ou marqué d'une tache noire qui n'en atteint pas le bord postérieur.... *F. rufa* L. s. str.
>
> Yeux pourvus de poils ; la coloration rouge, qui est claire et très vive, envahit la partie antérieure du premier segment abdominal.. *F. truncicola* Nyl.

(1) Ce caractère ne s'applique qu'aux fourmis indigènes.

b. Aire frontale terne et finement ridée. Dessus du corps uniformément noir ou varié de rouge : *F. fusca* L. (1)	**1.** Corps médiocrement pubescent, sans éclat soyeux : Corps noirâtre ordinairement ; quelquefois le thorax, le devant de la tête et le pétiole, sauf une tache sombre du pronotum, jaunes ou rougeâtres............	*F. fusca* L. s. str.
	Coloration rappelant celle de la *F. rufa* ; parfois tout le corps noirâtre, avec les joues et le bord du pronotum rougeâtres........	*F. rufibarbis* Fabr.
	2. Corps couvert d'une pubescence qui lui donne un éclat soyeux.....................	*F. cinerea* Mayr.

B. Chaperon échancré au milieu du bord antérieur.... *F. sanguinea* Latr.

3ᵉ genre : *Lasius* Fabr. — Genre très voisin du précédent, mais comprenant des espèces de petite taille (2-5ᵐᵐ). Aire frontale, sillon frontal et ocelles peu visibles.

A. Corps noir brillant. L. 4-5ᵐᵐ.................. *L. fuliginosus* Latr.

B. Tête et abdomen brun sombre. L. 3-4ᵐᵐ : *L. niger.*	**1.** Thorax d'un brun noirâtre comme le reste du corps, bien qu'un peu plus clair : Scapes et tibias pubescents et en outre munis de poils dressés.	*L. niger* L. s. str.
	Scapes et tibias seulement pubescents...................	*L. alienus* Forst.
	2. Thorax fauve. Tête et abdomen noirâtres : Scapes et tibias comme chez le *L. niger*...............	*L. emarginatus* Lat.
	Scapes et tibias comme chez le *L. alienus*................	*L. brunneus* Lat.

C. Corps entièrement jaune. L. 2, 5-4ᵐᵐ :

a. Scapes et tibias comme chez le *L. niger*....... *L. umbratus* Nyl.

b. Scapes et tibias comme chez le *L. alienus*...... *L. flavus* Fabr.

4ᵉ genre : *Plagiolepis* Mayr. — Fourmis de très petite taille (1, 2-3ᵐᵐ), d'un brun sombre très luisant. Premier segment de l'abdomen un peu prolongé en avant ; écaille mince et arrondie, un peu inclinée. Antennes de 11 articles.

Une seule espèce..................... *P. pigmœa* Lat.

5ᵉ genre : *Polyergus* Latr. — Fourmis de taille moyenne (6, 5-7, 5), de coloration entièrement fauve. Mandibules recourbées en faux, étroites et pointues.

Une seule espèce...................... *P. rufescens* Lat.

(1) A la *F. fusca* se rattache une race d'un noir foncé, mais dont l'aire frontale est lisse et brillante : La *F. gagates* Latr.

2. Groupe des *Dolichodérites*. — Chaperon prolongé entre les antennes.

Genre *Tapinoma* Forst. — Fourmis de taille assez petite (2, 5-3, 5), de coloration noirâtre. Ecaille atrophiée, indistincte. Premier segment abdominal prolongé en avant et recouvrant le pédicule.

Une seule espèce........................... *T. erraticum* Lat.

II. Tribu des Myrmicines. — Un aiguillon ; 2 articles au pédicule.

1er genre : *Myrmica* Latr. — Fourmis de taille moyenne (4, 5-6^{mm}), d'une coloration tirant sur le roux ou le rouge. Antennes de 12 articles ; les trois derniers pris ensemble plus courts que le reste du fouet. Métanotum armé de deux fortes épines.

M. rubra L.

1. Massue de 4 articles. Scape arqué à la base :

Pédicule presque lisse, offrant quelques faibles rugosités latérales. Métanotum lisse entre les épines.................... *M. lœvinodis* Nyl.

Pédicule très rugueux ; métanotum strié transversalement entre les épines................... *M. ruginodis* Nyl.

2. Massue de 3 articles. Scape coudé, formant à peu près un angle droit :

Scape dépourvu d'appendice à l'angle ; métanotum lisse et luisant entre les épines.......... *M. rugulosa* Nyl.

Scape pourvu à l'angle d'une dent mousse ou d'un lobe ; métanotum offrant de fines rugosités entre les épines.............. *M. scabrinodis* Nyl.

2e genre : *Aphœnogaster* Mayr. — Fourmis de taille très variable et de coloration sombre le plus souvent. Antennes de 12 articles, les trois derniers plus courts que le reste du fouet ; massue plus ou moins accusée, de 4 articles ; la position du métathorax situé plus bas que le reste du thorax, donne à ce genre un facies particulier.

A. Métanotum dépourvu d'épines :

a. Mandibules, fouet, articulations des pattes, tarses et parfois la tête, le thorax et le pédicule brunâtres ou rougeâtres ; le reste du corps noir. Tête et pronotum brillants, finement striés. L. 4-12^{mm}...... *A. barbara* L.

b. Variant du jaune au brun noirâtre. Mandibules, chaperon, joues, fouet, dessous de la tête, articulations des pattes et tarses d'un rouge jaunâtre. Tête et prothorax presque ternes, grossièrement striés. L. 4-9^{mm}................,................ *A. structor* Lat.

B. Métanotum armé d'épines. Couleur variant du jaune brunâtre au rouge-brun. L. 4-5^{mm}.............. *A. subterranea* Lat.

3e genre : *Tetramorium* Mayr. — Fourmis de petite taille (2, 3-3, 5), de coloration brunâtre ou noire. Massue bien accusée, de 3 articles, plus longue que le reste du fouet. Pronotum formant en avant deux angles obtus.

Une seule espèce......................... *T. cœspitum* L.

4e genre : *Leptothorax* Mayr. — Fourmis de petite taille (2, 5-3, 7), à robe jaune variée de noir. Massue épaisse de 3 articles, aussi longue que le reste du fouet. Pronotum arrondi antérieurement de chaque côté.

A. Antennes de 11 articles. Pattes hérissées de quelques petits poils raides. L. 3, 3-3, 7.................. *L. acervorum* Fabr.

B. Antennes de 12 articles. Pattes dépourvues de poils. L. 2, 4-3, 5 : *L. tuberum* Nyl.

Dessus de la tête et milieu de l'abdomen d'un brun plus ou moins foncé. Le reste jaune.... *L. tuberum* Nyl. s. str.

Face supérieure du premier segment abdominal marquée d'une bande brun foncée et bien nette.. *L. unifasciatus* Lat.

5e genre : *Solenopsis* Westw. — Fourmis de très petite taille (1, 7-2, 5), de coloration jaune. Antenues de 10 articles; massue formée par les deux derniers et plus longue que le reste du fouet.

Une seule espèce........................ *S. fugax* Lat.

EXPLICATION DES PLANCHES

PLANCHE I.

Tribu des FORMICINES.

1. *Formica pratensis*, ouvrière.
2. Œufs.
3. Larve.
4. Cocon de la nymphe.
5. Patte antérieure, fortement grossie pour montrer l'éperon, *e*, et les pulvilli, *p*.
6. Patte postérieure : *e*, éperon réduit à une épine.
7. Tête de *Camponotus ligniperdus*.
8. Profil du dos d'un *Camponotus*.
9. Mandibule du *C. ligniperdus*.
10. Mandibule du *C. œthiops*.
11. Chaperon du même.
12. Tête de *F. pratensis* :
    a. mandibule.
    b. chaperon.
    c. aire frontale.
    d. arête frontale.
    e. ligne frontale.
    f. ocelle.
    g. œil composé.
    h. antenne.
13. Coupe du pétiole d'une *Formica*.
14. Chaperon de *F. sanguinea*.
15. Profil du dos d'une *Formica*.
16. Tête de *Lasius brunneus*.
17. Tête de *Tapinoma* (d'après André).
18. Pétiole et abdomen du *T. erraticum*.
19. Mandibule du *P. rufescens*.

PLANCHE II.

Tribu des Myrmicines.

1. *Myrmica lœvinodis.*
2. Antenne de la même.
3. Scape vu de côté.
4. Antenne de *Myrmica scabridonis.*
5. *Aphœnogaster structor* vue de profil.
6. Thorax et pétiole de *Myrmica.*
7. Thorax et pétiole de *Leptothorax.*
8. Antenne d'*Aphœnogaster structor.*
9. Antenne de *Tetramorium cœspitum.*
10. Prothorax du même.
11. Prothorax de *Leptothorax unifasciatus.*
12. Antenne du même.
13. Antenne de *Solenopsis fugax.*

PLANCHE III.

Nid creusé dans un châtaignier par le *Camp. ligniperdus.* **Fragment pris**
à la périphérie.

PLANCHE IV.

1. Même nid. Fragment pris au centre.
2. Fragment d'un nid creusé par le *Camp. pubescens* dans un tronc de
sapin.

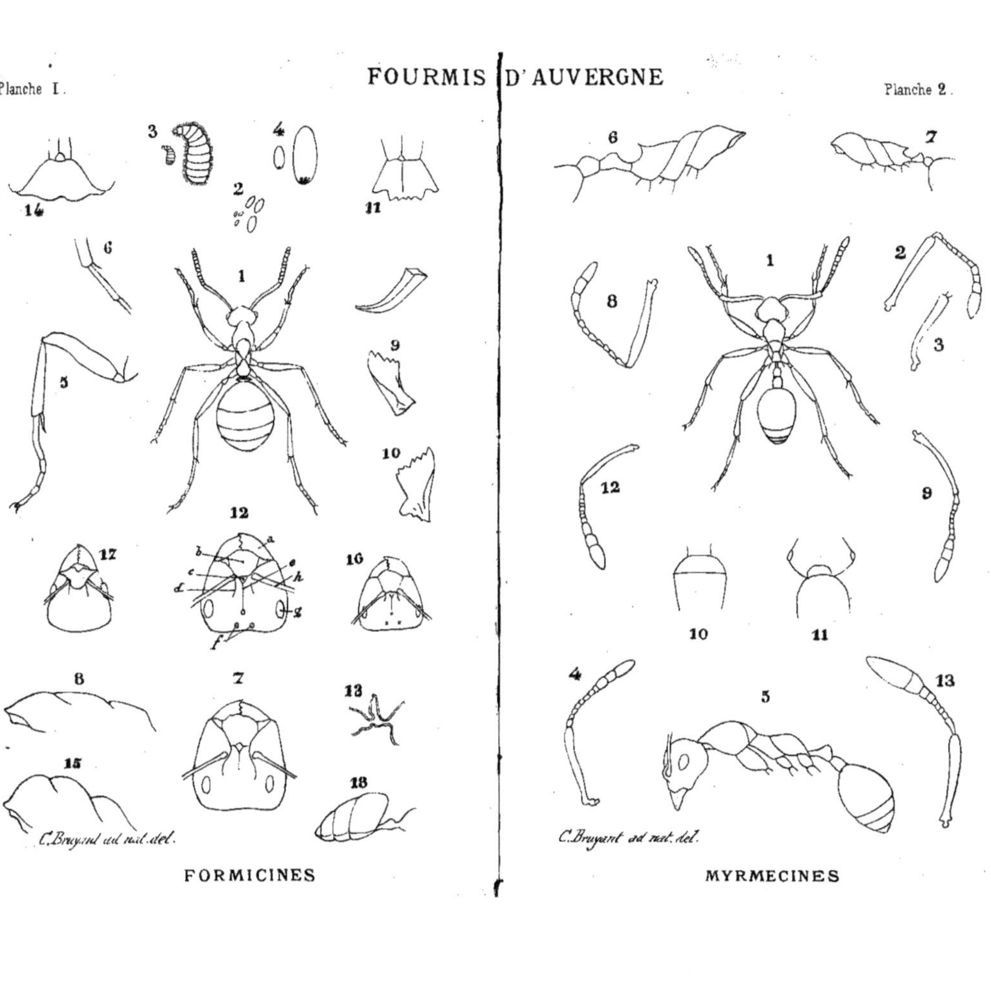
C.Bruyant ad nat.del.
C.Bruyant ad nat.del.
FORMICINES
MYRMECINES

Planche III

Planche IV

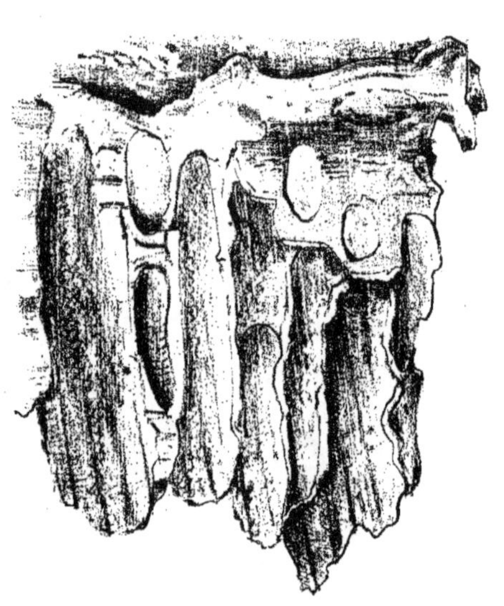

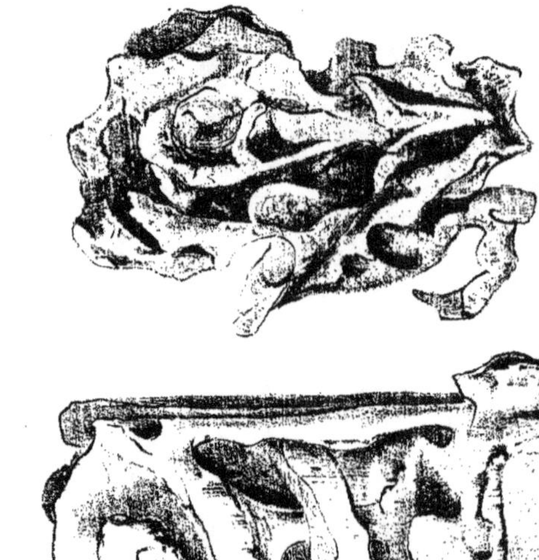

NIDS DE CAMPONOTUS

9 782011 927224